讚美洪水

In Praise of Floods

The Untamed River and the Life It Brings

James C. Scott

文明的干預
如何抑制河流的重生？

詹姆斯．斯科特 著
黃煜文 譯

本書獻給尊敬河流的人、把河流當成自己生命世界的生物、
緬甸人民，以及最重要的，茂茂烏與奈因頓林。

欽敦江〔的憤怒〕

她漲過了洪水水位，就像一個滿溢的鍋子——但鍋子封得嚴實，滴水未漏。
她就像即將成為單親媽媽，不斷地打嗝，
她要把所有你硬塞到她喉嚨裡的塑膠與橡膠，
一股腦兒吐回到你臉上。
她打了嗝，一股酸臭的啤酒味飄了上來。
她是一條河流——即使如宿醉般極度不適，卻依然堅持著。

囤積稻米的人會被鞭打。囤積去皮豆子的人則免罰。
把穆河這條小河誤認成大河的人，她要向他們展示，
誰才是真正的女主人。
與陸地爭吵時，她會直接在路肩撒尿。

她的垃圾裝滿了賑災的缽碗。既然每月都有月事，
又何必知曉那天究竟是幾月幾號？
就算沒有血腥的旱災，那麼也必將有一場血腥的洪災。
當地的詩人已經分不清什麼是〈河水〉與〈淚水〉。
那麼，你又如何能還她公道？

——科科瑟（Ko Ko Thett）

目錄

推薦序

當我們失去了對河流的想像

黃文儀（臺大中文系兼任助理教授、加拿大麥基爾大學歷史與古典研究系博士）

當我們談論河流時，我們在討論什麼呢？

歷史課本常告訴我們，人類文明的誕生總與大河相依：埃及文明與尼羅河、兩河流域文明與底格里斯、幼發拉底河，當然，還有我們耳熟能詳的黃河文明。然而，河流帶來的不僅是穩定水源與肥沃土壤，也帶來突如其來的洪患。於是，人們觀察、記錄、乃至於企圖治理河流。當環境史在一九七〇年代興起時，河流毫不意外地成為研究焦點。以中國為例，黃河相關的研究成果豐碩，*臺灣則有《濁水溪三百年：歷史．社會．環境》、《尋溯：與曾文溪的百年對話》、《島都之河：匯流與共生，淡水河與臺北的百年互動》等奠基之作。

但是，這些作品，幾乎都從人類視角出發，訴說人與河流的長期互動，卻少有真正關於「河流自身」的故事。

究竟，什麼是「河流」呢？

或許有人會回答：不就是水嗎？如果有人提到具體的河流名字，例如淡水河，我們腦中浮現的，往往是一條地圖上的實線：有確切的起點、有粗壯的主幹、有細密的支流，然後一切終歸入海。

但是，斯科特搖搖頭。他指出，河流遠比我們想像得更加複雜，包含流水、淤泥、黏土和砂礫，以及所有依附這些元素而生的生命形式群聚。正如一棵大樹不只是樹幹，還有枝葉、根系、果實等等，每個部分匯聚起來，才會形成一個整體——「樹」。河流亦然。於是，為了回答「什麼是『河流』」這個看似簡單卻關鍵的問題，他在生命最後幾年寫下了《讚美洪水》。

三種河流敘事

熟悉斯科特過往研究的人，或許會對他的新嘗試感到意外。畢竟他長期關注的是東南亞農民如何抵抗國家權力，以「人」為核心。但在這裡，主角換成

* 有興趣的讀者，可以參考以下書目：Hsu, Hui-Lin. *When the Yellow River Floods: Water, Technology, and Nation-Building in Early Twentieth-Century Chinese Literature.* Hong Kong University Press, 2024. Mostern, Ruth. *The Yellow River: A Natural and Unnatural History*. New Haven: Yale University Press, 2021. Muscolino, Micah S. *The Ecology of War in China: Henan Province, the Yellow River, and Beyond, 1938–1950*. Cambridge: Cambridge University Press, 2014. Pietz, David A. *The Yellow River: The Problem of Water in Modern China*. Cambridge: Harvard University Press, 2015. Zhang, Ling. *The River, the Plain, and the State: An Environmental Drama in Northern Song China, 1048–1128.* Cambridge: Cambridge University Press, 2016. Dodgen, Randall A. *Controlling the Dragon: Confucian Engineers and the Yellow River in the Late Imperial China.* Honolulu: University of Hawaii Press, 2001.

了「河流」，人類反而退居其次。只是，那條潛伏的主旋律——弱者如何與強權抗衡——依舊流動其間。

在《讚美洪水》中，他提出三種河流敘事。我們可以想像自己正乘著船，自上游而下，依次經過不同河段。每一段皆展現特殊風景。

第一種是非人類中心的河流敘事。斯科特要求我們，重新調整觀察的時間尺度，不再以人類的一生為單位，而是拉長至千年、萬年。如此一來，方能清楚看見每一條如今貌似穩定的河流，可能因地震、火山爆發、氣候變遷等外在因素而改道，但更多時候，是憑自己力量前行，從山上到山下，沖刷出新河道，開闢新的泛濫平原，無數次地重塑自己。移動，才是河流的本質。

其中最關鍵的移動，就是洪水脈動。在人們眼中的「洪水」，其實是河流正在呼吸。當洪水週期性地淹沒整個泛濫平原時，猶如河流舒張肺部。一呼一吸之間，大量有機質和微生物隨著河水漫延，孵育植物、吸引魚群，繼而招來鳥類和哺乳動物，最後才有智人的身影。洪水因此不是毀滅，而是生態繁盛的前提。

為了使讀者一窺河流的生物多樣性，斯科特甚至在第五章中，讓緬甸伊洛瓦底江的眾多非人物種發聲，抗議人類的過度活動使其生存日益艱難。我讀到這一章時，不禁莞爾，覺得他以帶有玩心的方式，與近年「more-than-human（不只是人）」的環境人文思潮相呼應：既打破物種位階的迷思，也提醒我們，人類絕非唯一的行動者。不過，斯科特在此仍集中於動植物，尚未觸及水與石等非生命物質。若納入它們，將能看見更複雜的多物種權力關係。*

第二種是「納」的敘事。藉由緬甸在地協同研究者的田調成果，斯科特介紹了伊洛瓦底江流域各種尊稱為「納」的河靈。這些「納」生前是凡人，有男有女，死後以「納」之姿施展不同能力，或造成山崩與洪水，或庇佑信徒捕魚和航行。可惜的是，因政治與疫情的限制，他無法親自深入調查「納」，使這

* 蔡晏霖，〈動保vs.野保？淺談多物種研究〉，收入王麒愷編，《流動的界域：從在地、跨域到多物種》，新竹：國立陽明交通大學出版社，2024，頁74。

段極具在地特色的河流敘事草草收尾。

第三種是以人類為中心的河流敘事。在《國家的視角》中，他曾批判國家如何透過「標準化」與「可辨識度」的手段，將原本複雜多樣的社會與自然，壓縮成便於統治的樣態。於是，農業推行單一作物，林業專注培育標準樹。但在國家眼中，最難以馴服、最需要嚴加管束的，其實是放蕩不羈的河流。自十八世紀以降，政府倚仗土木工程科技，大刀闊斧地將河川改造為筆直的輸送帶。為了維持水流暢行，他們截彎取直河道、疏浚河床至整齊一致的高度，再築起一道道堤防，使河水奔流更快、流量更大，以避免淤積。

然而，這樣的治理，反而累積沉積物、抬升河床，也大幅加速水流。一旦雨量超標，或者水利設施失靈，就會催生更致命的洪患。他稱此為「醫源效應」——原本意在治療，卻讓病情惡化。換言之，治水之初已經同時埋下了致災的種子。

也正因如此，斯科特提醒我們，當今的水危機若真能稱之為「危機」，根源不在洪水，而在於獨尊以人為本位的單一敘事，抹消了原有的多元敘事。

與斯科特的相遇

讀完全書，我不禁回想起，自己第一次聽斯科特親口講述這些想法的場景。

那是二〇一九年三月，我在哈佛大學擔任博士後研究員，剛剛展開我的中國河流環境史研究，桌上堆滿了從燕京圖書館借來的水利史著作。某日，主持哈佛亞洲環境史工作坊的張玲博士告訴我，斯科特要在波士頓學院演講，題目是「讚美洪水：河流與文明的研究」。於是，我與匆匆揣著《反穀》，一路搭地鐵從紅線到綠線終點的波士頓學院站。因為人生地不熟，我繞了好一陣子才找到講堂，最終仍遲到了幾分鐘。入場時，座無虛席，我只能靦腆地坐在第一排，卻因此與他面對面。

坦白說，我最初滿心疑惑：洪水有什麼值得「讚美」？在中國史書裡，洪水幾乎總是災厄的化身。可是，不到十分鐘，他讓我看見一幅生機勃勃的生態系景象。更重要的是，演講最後，他問了一句：「當一條河失去幾乎所有賦予它『河流之所以為河流』的特徵時，我們還能說它依舊是一條河嗎？」

那一刻，我彷彿遭到雷擊。

複數的人；異質的環境

回去後，我推倒既有認知，重新出發。返臺後，我甚至走入山林，並在因緣際會之下，與一群臺東Pasikau部落布農族人相識，隨他們上山、返回祖居地，學習與自然共處的智慧。這經驗徹底改變我的人生和研究方向。

其中之一，是我對「自然觀」的理解。雖然我是個駑鈍的學生，但慢慢地我也領會到，由於漢字沒有複數的表達方式，很容易讓人誤以為，彷彿只存在一種「自然」、一種「人」、一種「人與自然的關係」。但現實遠非如此。尤其原住民族（若暫且視為整體）的自然觀，便與非原民人群的看法天差地別；而在「原住民族」這個統稱下，各族群也因地域、氣候、歷史背景等差異，孕育出異質的環境經驗與觀念。

然而，自日治以降，臺灣逐步以西方科學知識為尊，相對地卻邊緣化「原住民族知識」。因為這些知識常被視為「傳統」知識的同義詞，而「傳統」意味著「靜態」與「過去」，遂被對立於「進步」、「現代」科學。而且，西方科學知識自認其原則放諸四海皆準，因而漠視在地知識的產生脈絡與價值。這種偏見，甚至長期主導公部門的政策制定。

幸好，近年來，由於學者和在地族人的努力，致力於洗清「原住民生態知識」的污名，推動原住民知識與現代科學的對話和合作，並進一步引入政策實踐。

例如，泰雅族出身的地理學者官大偉，透過口述歷史、地名採集與地圖建置等方法，展現河流對馬里光（Mrqwang）流域泰雅族人的多重意義：它是部落間共享的語言之流、血緣之流、資源之流，也是族人遊戲、學習與回憶的場所。*這些豐富的河流知識，提醒我們：臺灣的河流史，不該只有一種聲音。

我們必須納入更多元的河流敘事，無論是原住民族的經驗，還是非人生物的聲音。唯有如此，臺灣的河流史才能如同河流本身——不斷流動，承載眾多生命，展現豐富而異質的面貌。這也正是《讚美洪水》帶給我們最深的啟發：當我們失去了對河流的想像，我們同時失去了真正理解河流的可能。

* 官大偉，〈原住民生態知識與流域治理－以泰雅族Mrqwang群之人河關係為例〉，《地理學報》，70（2013），頁69-105。

導讀

以河為度

洪廣冀（臺大地理環境資源學系副教授）

對關心人文社會科學的讀者來說，斯科特（一九三六至二〇二四年）是個耳熟能詳的名字。這位政治學者於耶魯大學任教四十五年，著作等身。他的重要作品，如《宰制與抵抗的藝術》、《國家的視角》、《不被統治的藝術》、《反穀》均有臺灣版本。《讚美洪水》是他的最後一本書，也是他的遺作，英文版於二零二五年二月出版。

為何讚美洪水？在一篇發表在《紐約客》（The New Yorker）的書評中，尼克爾・薩瓦爾（Nikil Saval）寫道，《讚美洪水》一書出版的二〇二五年前後，正是洪水於世界各地肆虐的一年。確實，參考「全球洪水監控」此非政府組織於二〇二五年出版的報告，二〇二四年一整年，洪災至少造成八千七百人死亡，四千萬人流離失所，以及超過五千五百億美元的經濟損失。就薩瓦爾而言，斯科特選在此刻「讚美洪水」，就像是告訴家園付之一炬的加州人「野火沒那麼糟」，有種「站著講話不腰疼」的意味。

薩瓦爾的用意不在於批評斯科特。他想要表達的是，這位活了將近九十歲的政治學者，終其一生，都在挑戰我們習以為常的「常識」，且試著讓那些受壓迫者發聲。《讚美洪水》延續了如此的學術關懷。文明人看待洪水，就像看待所謂「農民暴動」一樣，彷彿就是不受教也不想受教的東西在破壞秩序。在花費大半輩子為「暴動」的農民與逃避國家統治的「蠻族」發聲後，這回斯科特想攬在身上的任務是，讓河流、江豚，河魚、鳥類、哺乳類、軟體動物的聲音可以被聽見。這些生靈（對斯科特而言，河流本身就是活的，以「生靈」稱之，至為恰當）被規劃、被治理、被限制、被囚禁、被教化以及被馴化，他們掙扎求生，已到了忍無可忍的地步。澎湃洶湧的洪水，就如豎旗造反的農民，呈現一種國家、企業、主流科學身為「文明人」的你我難以理解的道德經濟。

＊　＊　＊

薩瓦爾的見解多少有些後見之明。就斯科特而言，他為何要寫一本關於洪水的書？時間回到二〇二一年。當學生與同事慶賀年過八旬的斯科特終於想要退休、可以好好休息一下時，這位政治學者還不打算就此停筆。他有個年少時的夢要達成：為緬甸寫一本書。

一九六〇年代，當斯科特還是個大學生時，他夢想的田野是緬甸。在扶輪社的支持下，他就讀緬甸的仰光大學與曼德勒大學，以緬甸的政治經濟為題，撰寫學士論文。在課餘時候，他騎著一臺老機車，與友人四處遊蕩。然而，一九六二年緬甸政變後，斯科特再也無法長留。他最終去了馬來西亞，以稻作的農村為研究對象。

但斯科特仍未忘情緬甸。二〇一〇年至二〇二〇年，翁山蘇姬上臺，緬甸相對開放，斯科特於是重訪緬甸。這回他乘船遊歷伊洛瓦底江流域。他不時被跟蹤與盤問，當有警察詢問他到緬甸做什麼，他順口回答他在研究伊洛瓦底江。久而久之，斯科特也就「假戲真做」，心想「為何不就為伊洛瓦底江寫本書？」

於美東德拉瓦河河畔成長的斯科特，對於河流並不陌生。然而，伊洛瓦底江打開了他的視野，特別是以整體的視角關照「依」與「因」洪水而生的眾多生靈。在《讚美洪水》中，他詩意地寫道，這些包括在人類之內的生靈，竟然是跟著河流擺動的節拍，形成一個高度協調也能自我協調的整體。斯科特不認為這是什麼至高無上的造物者所設計，若你會為此整體的精巧感到驚嘆，你該好好認識與讚美的，不是什麼造物者，更不是自以為能夠馴化河流的技術官僚或工程師，你應該要讚美河水，特別是那些被人們叫做「洪水」的部分。就斯科特看來，河流是活的，而洪水就是它的脈搏。文明人憎恨洪水，就是因為文明人不認為一條河有資格活著，所以當河流呈現某種生機勃勃的樣態，文明人就急著要把他弄死，封存在鋼筋水泥中，然後稱這是在「治水」。

《讚美洪水》呈現了斯科特一貫的博學風格。結合了生態學、水文學、人類學、政治學、民間傳說、神話等不同的領域，斯科特「以河為度」，丈量地球與智人的地理與歷史。他告訴我們，「在地球長達四、五十億年的地質時間裡，世界上所有的河流都只是個嬰兒」；他也說，與個別人類的生命相比，河流幾乎是「長生不老」，然而與人類作為物種的歷史相比，河流卻遠比我們年輕許多」。一旦我們學著「以河為度」，斯科特表示，「河流可以幫助我們理解很多事：對人類中心論與人類文明感興趣的人，「河流是醒目的例證，顯示人類試圖控制與馴化自然過程將造成什麼結果」。

＊　＊　＊

翻開《讚美洪水》，讀者除了可以欣賞斯科特筆下的大江大河，同時也可跟著這位耶魯政治學者，重訪他半世紀以來的學術軌跡。人的生涯如同一條河，從一段涓涓細流開始，人生之河匯聚無數條支流，往海洋奔流而去，有時有著奇妙的拐彎，有時潛入地下，有時溢出河道，沖刷出一面出人意表的風景。在這過程中，人的思想宛如河流沿線帶走的砂石，越往下游，就一步步沉積——以小說家吳明益的術語，人有時活成了「沖積扇」，久而久之就成了「沉積層」。

《讚美洪水》宛如斯科特生涯的「沉積層」。不論你熟不熟悉斯科特先前的著作，這本長度只有三百餘頁的小書，包含了這位政治學者半世紀以來的思想結晶。斯科特告訴我們，在智人演化的絕大多數時間裡，都是以採集與狩獵為生，而智人與其他的生物相同，也會跟著「洪水脈動」，調整生活與生命的頻率。然而，當國家開始在河流的沖積平原上出現後，智人與河流的關係有了變化。斯科特寫道：「早期國家必須仰賴集中的定居農業人口與栽種已經馴化的穀物作物才能維持」、「早期國家是一種侵入性的人為秩序。定耕農業、灌溉水田以及讓地面上的穀物同時成熟，這一切全需要簡化地貌」。在國家的統治下，人們開始栽植愈來愈多的穀物，因為得繳稅，也因此得砍伐愈來愈多的森林。森林的消失影響了河流，生活在沖積平原的人們，開始受到「洪水」之苦。為了能從人民身上榨出更多的稅收，還有避免愈來愈多的人逃入山中，化身「蠻族」，國家開始規劃設計大規模的水利措施，以堤防、水壩試著馴化河流。但卻適得其反：河流從上游攜帶著沙土，逐步堆積在河底，無法溢出，讓河床愈來愈高。以為因應，國家興建愈來愈高的堤防，結果讓河床甚至比提外的沖積平原還要高。這就難怪，當極端降雨一來，瞬間暴漲的河水無處可去，便會沖垮堤防，造成龐大的人命與財產損失。

斯科特引用醫學上的「醫源效應」來描述此現象。「醫源效應」指涉人們有時在就醫時感染具有高度抗藥性的病菌。斯科特認為，「我們今日面對的河流災難，絕大多數都是過去為了謀求智人與民族國家的利益，試圖規訓與馴化河流的結果。我們基於自身目的努力改造河流，特別是簡化河流與整個流域，這正是今日河流的主要病因」。

＊＊＊

除了前述主流外，《讚美洪水》還有兩道支流：斯科特的緬甸合作者茂茂烏（Maung Maung Oo）與奈因頓林（Naing Tun Lin）對伊洛瓦底河流域的田野調查。如前所述，二〇二〇年後，因為緬甸政局的動盪，斯科特再也無法前往緬甸作田野。所幸，他有茂茂烏與奈因頓兩位在地夥伴，為斯科特提供不可或缺的在地視野。

如此跨國合作的成果便是關於伊洛瓦底江之靈納（nats）的田野調查。斯科特寫道：「對絕大多數生活在伊洛瓦底江的人類公民來說，這條河流的地貌，無論水域還是陸地，也『居住著』各式各樣的神靈。這些神靈在當地歷史中非常重要，祂們力量超凡，既和善也懷有惡意。這些神靈有時被崇拜，有時被安撫，有時被迴避，有時被召喚」。斯科特也說：「納原本是凡人，但祂們在世時的遭遇與曾經生活過的地點，使祂們成為備受尊崇的神靈。」誠然，緬甸主要的信仰為佛教，「發生自然與人為災害時，上座部佛教雖然能提供心靈的慰藉，但無法解決眼前的危機。在這個時候，地方社群就會乞靈『納』，向祂們尋求幫助」。

另一關鍵成果是，不同於先前斯科特的著作，在《讚美洪水》中，斯科特構思了一個「萬物議會」的場景，由伊洛瓦底江的生靈組成，表達他們對自身處境的憂心。這場議會的「主席」是伊洛瓦底江的江豚（*Orcaella brevirostris*），屬於瀕危物種；其他與會者還包括雪鯉、雲鰣、白薑黃、黑腹蛇鵜等物種。會議結論之一是：「我們要從殖民者手中奪回河流！我們想要洪水、淤泥，濕地、樹沼、紅樹林——我們要建立一個由所有物種組成的河流民主制度，這是我們生存的核心條件。」

＊＊＊

不管在歐美還是在臺灣，河流書寫已成為環境人文一個重要的領域。《讚美洪水》是在這些基礎上的最新成果。這些河流書寫都有個基本立場：河流應被視為一個整體，不是地圖上的一條線，也不是在河道中奔騰的水，更不是國家或技術官僚所規劃打造的水利設施。河流史就是以河流為主體的歷史，且應包含所有依河與因河而生的生命與無生命。此立場也與「河流是活著的，具有某種人格權」的見解息息相關。以「地景與人心」三部曲聞名於世的環境人文學者麥克法倫（Robert Macfarlane），於二〇二五年出版一本新書，書名就是《河流是活著的嗎》（Is a River Alive?）。麥克法倫的答案是肯定的，他走訪厄瓜多爾、印度與加拿大的三條河川，與當地的生態學者、原住民族、環境運動者密切互動，探究「自然權利」運動的起源與擴散。「自然權利」為一種嶄新的法律思潮，認為河流有其權利，是一種法人般的存在。麥克法倫告訴讀者，此見解聽來驚世駭俗，但一點都不難理解。有一次，他的孩子問他：「爸，你的新書的主題是什麼？」麥可法倫回道：「爸爸想要探討河流是不是活著的？」小孩則說：「喔，顯然這不會是本太大本的書。」小孩雙手一攤，一副「阿不然呢」的意味。

臺灣的河流書寫也正在蓬勃發展。在我書寫這篇導讀的當下，至少就有三本熱騰騰的新書：顧雅文、李宗信與簡佑丞的《島都之河》、蔡嘉陽的《流淌臺灣之心：濁水溪空拍誌》，以及許震唐的《追一條溪：濁水溪河畔記事》；先前則有叫好又叫座的《沒口之河》，作者是黃瀚嶢，闡述了知本溪與知本溼地的環境史，以及卡大地布卑南族人的環境抗爭。

對照斯科特筆下的河川，特別是緬甸的伊洛瓦底江，讀者應會感受到，臺灣的河川是如此有特色，但又與世界其他河川一般，捲入某種「現代性」的枷鎖中。與臺灣河流相同，伊洛瓦底江為熱帶的河川，有機質豐富，可支撐起多樣多元的生命；伊洛瓦底江也深受季風影響，雨季時不時氾濫，且會不時改道，創造出大面積的沖積平原。不過，依據斯科特，伊洛瓦底江的坡度非常平緩，「在流往大海的路上，平均每公里才下降八公分」，這當然與臺灣河川動輒下降上千公尺的情況相當不同。按照斯科特的說法，如果說每條河流都有其「性格」，臺灣的河川可說相當「奔放」，且執拗地拒絕國家或技術官僚的「管訓」。究竟這樣的河流可以度量出什麼樣的臺灣史？我們還在學習。我們不見得要「讚美洪水」，但我們總是可以如年邁的斯科特一樣，在生命逐漸奔向某個時點時，想起年輕時曾經行過的一條河，接著起心動念，想要為這條河，還有與這條河共存的眾多生靈，做些什麼。

以麥克法倫與吳明益的語言：人畢竟也是個「水體」，行走時就成了河，坐下來就成了湖；活著如同沖積扇，活著活著成了沉積層。

序言

我思考河川與溪流已經有很長一段時間，但直到最近，我才開始認真從事河川的學術研究。過去，我是用隨興且消遣的視角來認識河川。我在德拉瓦河（Delaware River）河畔長大，正是這條河汙染最嚴重的時期。我家位於離費城約二十英里的上游地帶，在紐澤西州一側，我會在河裡游泳與釣鰻魚。我曾跟兩個高中朋友到波多馬克河（Potomac）上游划了幾天獨木舟，但後來船隻翻覆，我們身上的裝備全遺落在哈珀斯渡口（Harper's Ferry）對面的河岸上。這場意外成了茶餘飯後的話題，我的家人時不時就拿出來叨念一番。當我們好不容易搭上便車，前往我們停放在計畫路線末端的車子時，我完全沒想到要打電話回家報平安。說巧不巧，一名在平底船上釣魚的漁夫，剛好鉤到我掉在水裡的藍色牛仔褲，褲子口袋裡還有我的皮夾與駕照。讓我們想像一下最壞的狀況，漁夫趕緊打電話到我家，告訴我的家人，他從水裡撈到我的東西。由於一直沒有我還有朋友的消息，我媽開始設想她的小兒子可能遭遇不幸。她先是悲傷，然後經歷兩天的恐慌，最後才接到不知情的我打的電話。我媽每次提起這件事，一定要數落我一頓。

時光飛逝，我也擁有了自己的家庭。我曾連續六到七個夏天帶著全家住在佩恩斯溪（Penn's Creek）溪畔粗獷的狩獵小屋裡，佩恩斯溪位於賓州中部，以盛產鱒魚聞名。在家人、當地獵人與漁夫指導下，我的釣魚與划獨木舟技術終於從業餘人士進展到偶爾可以自豪的程度。

在我隨性接觸河川與溪流的過程中，從未想過有一天會在眾人面前教授河川，更沒想到自己居然敢提筆討論。這些原本該是約翰・麥克菲（John McPhee）、華勒斯・史達格納（Wallace Stegner）、艾倫・沃爾（Ellen Wohl）與馬克・吐溫這些卓越作者的工作。

我多年來對河流的喜愛，不經意地結合了學術生活。在上研究所之前，我曾在迷人的緬甸待了一年，因此希望以緬甸作為研究領域。然而一九六二年政變之後，緬甸成了外人無法涉足的國度，這種狀況一直要到二〇一一年軍政府解散才結束。當我終於能夠回到緬甸時，我開始埋頭學習緬甸語，盡可能到緬甸各地遊歷。緬甸的國內旅行依然處處受限，我經常在警察與軍隊的崗哨被攔下來，他們要求查看護照與簽證，要我解釋為什麼出現在這裡。我經常被跟蹤。由於我主要是搭船沿著伊洛瓦底江（Ayeyarwady）前往緬甸各地，且由於這條大河（包括支流與分流）涵蓋緬甸全國絕大部分區域，我覺得這可以作為我為什麼出現在緬甸各地的一個方便且合理的解釋。當我被攔下來時，總是在伊洛瓦底江及其支流附近。我經常說我在研究伊洛瓦底江，這個說法往往能奏效。一開始也許只是搪塞的藉口，但隨著我對伊洛瓦底江了解愈深，也在不知不覺中把注意力集中在這條河流上。

當我終於意識到，我可以在大學部開一門專題課程來讓自己更深入認識河流時，我的心裡已經至少有兩個一直困擾我的問題需要解決，而這兩個問題都與我的河流經驗有關。

第一個問題萌生於我與水文學者的談話，原本友善的對話突然變調。事情發生在一九七〇年代晚期一個住宿型會議會場上，這個會場舉辦了兩場會議，一場是我參加的東南亞學者會議，另一場是工程師與水文學者會議。由於我們午餐與晚餐都是一起吃，所以主辦者非常希望兩場會議的學者能相互認識，並且交流彼此專精的領域。我把這個大膽的建議牢記在心，到了會議的第三天晚上，我發現旁邊坐著一名學識廣博的菲律賓水文學者。為了開啟話題，我想到去年科羅拉多河（Colorado River）曾被改道並興建水壩儲水的事，這項水利工程導致科羅拉多河全年絕大部分時間都無法流到科爾特斯海（Sea of Cortez）。這件事讓我感到無奈，也讓我為科羅拉多河感到難受，因為它流向大海的天命被「攔腰斬斷」。

於是，為了讓主辦者滿意，我向那名水文學者提到科羅拉多河的狀況，並且說道：「我們有許多形容河水奔向大海的詩，現在科羅拉多河遭到阻絕，無法流向大海，這不是挺令人悲傷的嗎？」他突然放下叉子，轉頭看著我說道：「不，不，不！這完全不是令人悲傷的事！這是美好的事。這表示科羅拉多河的水完全用於重要的人類目的上，沒有一滴水被浪費掉！」他認為，科羅拉多河未流入大海是一件值得慶賀的事，而非令人悲傷的事。我馬上察覺到，我們話不投機。

這場談話之所以值得分析，是因為每當我閱讀與河流有關的作品時，這段對話就會在我的腦海中一再浮現。這位菲律賓工程師是功利主義的完美例證，他把自然視為「天然資源」，而且只是一種為了滿足單一物種需求的生產要素，這個單一物種就是智人。他的想法幾乎不是個案，在那個年代，他的觀點代表了主流意見。這也是人們期待美國墾務局（American Bureau of Reclamation）或美國陸軍工兵部隊（Army Corps of Engineers）做的事。在談到知名的尼羅河時，就連邱吉爾也呼應這個看法（引自派崔克・麥卡利〔Patrick McCully〕的《噤聲的河流》〔*Silenced Rivers*〕），不過他的遣詞用字顯然要比我們的菲律賓水文學家詩情畫意得多：「總有一天，流入尼羅河流域的每一滴水，將會平等而友好地均分給流域上所有的民眾，而尼羅河自己……將功成身退，再也不流向海洋。」

史達林改造河流的野心比邱吉爾還大，他也分享了自己的看法（引自史蒂芬・所羅門〔Steven Solomon〕的《水：財富、權力與文明的艱苦鬥爭》〔*Water: The Epic Struggle for Wealth, Power and Civilization*〕），然而他的文筆卻乏味多了：「讓水流入海洋等於白白浪費。」

這些說法中值得注意，且攸關接下來我將專注討論的部分，在於邱吉爾與史達林對河流的描述方式，對他們而言，只有兩個變數是有意義的。河流被化約成水，也就是H_2O，而水最終的結局就是被彼此敵對的用水人加以攫取瓜分。這些用水人是誰？就跟河流被化約為水一樣，用水人也被化約成我們，也就是智人。在河流裡與在河流周圍生活的其他生物完全遭到忽略，包括魚類、猛禽、河邊的哺乳動物、昆蟲、微生物與水藻，對這些生物來說，河流是不可或缺的生活世界。除了H_2O外，水中的其他物質也被視而不見，包括淤泥、土壤、黏土、沙子與有機物質，如果不去干擾河流活動，那麼隨著河流流向海洋，這些物質將散布在沿途經過的氾濫平原上。一旦只思考兩個變數（水與人類）那麼成本效益計算自然變得容易許多。本書的產生，源自於我想知道當人類致力於「馴服」河流，試圖形塑與改造流動以滿足一己的（短期）利益時，會發生什麼事。我們對河流做的一切與這些行動造成的後果，似乎強烈暗示著，人類與自然之間普遍存在著不安且可能引發災難的關係。

第二個困擾我許久的問題，源自於我曾連續將近十年，每年夏天都在佩恩斯溪畔度過，這讓我以為自己了解溪水的流動。我們居住的古老狩獵小屋離佩恩斯溪只有三十英尺，雖然基座用石板墊高，但遭遇春季溪水高漲時，也僅僅比平均溪水高度高兩英尺。二月冰雪融化時，在小屋上游經常可見浮冰卡在岸邊。湍急的水流逐漸沖刷小屋附近的河岸。過去十年，初春的溪水已經將用來標記小屋西邊地界的巨大橡樹殘幹沖走。我在每年垂釣的河也發現相同現象，我因此認為溪流就是會這樣不斷移動與變遷，跟地圖上所繪製的固定不動完全不同。我想，這是個漸進的過程，溪流會年復一年、一點一滴地沖刷出新的河道與重塑地貌（身為一名業餘水文學者，我曾在某年夏天於河床挖掘石塊，在小屋上游堆積出一條小支流，試圖引導溪水遠離沖刷嚴重的河岸。但一九七二年的洪水一下子就將我的堤岸沖得無影無蹤）。

一九七二年六月底，我原先相信溪流將漸進演變的觀點，被一起巨大的洪災瞬間摧毀，這場洪水不僅淹沒狩獵小屋一樓，連下游數百英尺外的一座古橋也被沖毀。在颶風艾格妮絲（Hurricane Agnes）侵襲下，佩恩斯溪在數個地方溢出河岸，並且沖刷出新河道。這已經不是漸進演變，而是突然且爆炸性的變化。此時我才發現，過去數十年來佩恩斯溪絕大多數的重大變化，都是在洪水高峰期的短短數小時內破壞侵襲而成。相較之下，過去幾年我所看見的漸進變化，從長期觀點來看，根本微不足道，因為洪水只需要幾個小時就可以讓舊河道完全消失。河流在移動，這點無庸置疑，但要了解河流移動的本質，我必須拉長時間尺度，而且這個尺度需要比數十年的夏季來得漫長。就連我觀察到的漸進變化，也是不完整的。我住在佩恩斯溪畔的時間絕大多數是六月到八月，當時的溪水水位低於平均，水量變化也不大。我每年觀察到的漸進變化，有可能是在幾小時內產生的，特別是在二月中到二月底，這個時期的融雪、大雨與斷裂的浮冰，往往會造成一年一度的小洪水時期。原本被我詮釋成「沖積」的變化，其實應該是「沖蝕」造成的。沖積與沖蝕這兩個詞，在國際法與財產法上被視為完全不同的概念。當司法管轄權的疆界依河道劃定時，如果河道因為沖積而逐漸改變，那麼疆界就隨河道改變。如果河道突然出現決定性的變化，例如因洪水而改道，那麼根據法律，疆界依然如舊，不因河道變化而改變（如何清楚界定沖積與沖蝕的不同，這方面的爭議已經產生了數千起法院案件）。

當然，從最長的時間尺度來看，河流出現的最大變化，往往是地質事件造成的結果：包括板塊運動、地震、火山與冰川融化。

* * *

我極其喜愛緬甸以及緬甸的人民、文化與地貌，更不用說緬甸的大河伊洛瓦底江，這種喜愛早在進研究所接受學術訓練前就已萌生。由於一連串出乎意料的差錯與巧合，導致我選擇緬甸的政治經濟作為學士論文主題。當時我打算先去念法學院，因為不想太早投入專精的學術領域。我當下立即決定申請緬甸的扶輪社國際獎學金，令我吃驚的是，居然申請到了。

一九五八年到一九六〇年，我先後就讀於緬甸仰光大學與曼德勒大學，其間也曾與緬甸朋友騎摩托車到緬甸各地長途旅行，我騎的是老舊的一九四〇年凱旋機車（Triumph）。那年的友情與體驗改變了我的人生。我改研究政治學，並且以緬甸與東南亞專家自任。等到要決定論文題目時，尼溫（Ne Win）政權卻禁止外國人入境研究。我別無選擇，只好成為一名馬來西亞專家，之後我在馬來西亞待了一年半，研究從事稻作的農村。

到了二十一世紀初，前往緬甸旅行的限制終於鬆綁，從二〇一〇年到二〇二〇年，翁山蘇姬上台並分享權力，緬甸成為相對開放的社會。我抓住這個機會，定期回到這個我最初喜愛的地方，並且持續加強緬甸語的聽說讀寫能力。

遺憾的是，當我在二〇二三年十一月寫作本書時，鐵幕已經落下，短暫的十年開放期宣告結束，軍政府廢棄了二〇二〇年的合法選舉結果，並於二〇二一年二月一日攫取了絕對權力。緬甸遭受了殺戮、監禁、轟炸、縱火與野蠻鎮壓。少數民族團體（這些人一直受到軍事鎮壓）發起抵抗，之後大量緬甸民眾也加入抗爭，導致緬甸陷入血腥僵局。身為一名政治學者與抵抗運動學生，我從未見過這麼大規模、為了爭取民主與聯邦制而發起的內戰。基本上，緬甸的公民社會，無論消極還是好戰，都各自動員起來對抗已經陷入孤立的軍政府，這些公民社會各自擁有學校、醫院、供應鏈與退休金。軍隊在一般平民心中早已失去正當性。軍人原本會自豪地穿著軍服出現在公共場合，現在他們卻穿著便服以免遭受民眾嫌惡的眼神與批評。緬甸陸軍，不包括他們的盟軍與接受補助的民兵，獲准掠奪與焚燒村落。無論最終結果如何，這場由全體公民社會發起、對抗孤立軍隊的民主暴亂，都將成為獨特且值得分析的革命運動研究案例。

＊＊＊

讀者可能已經注意到，我提到緬甸時使用的字是Burma而非Myanmar。這兩個字指的都是同一個民族國家。我使用Burma純粹是基於政治理由，也帶有實際行動的意涵。Myanmar成為緬甸官方用語，目的是為了粉飾軍事統治讓Burma蒙上的汙名（想想剛果〔Congo〕如何變成薩伊〔Zaire〕，而後又如何變成剛果民主共和國！）。

你現在閱讀的這本書，裡面出現的斷裂與不連續，遠遠超過我的預期。這是因為我在研究過程中不斷出現意外狀況與問題，形成一個完美風暴。由於軍事政變的暴力，我原本計畫沿伊洛瓦底江進行的一連串旅行與訪談不得不戛然而止。甚至早在二〇二一年初政變之前，新冠肺炎的疫情已然使我前往緬甸伊洛瓦底江的研究之旅難以成行。當政變發生，我與其他曾公開和民主反對派合作的人士，顯然禁止前往緬甸旅行，更不用說到當地進行研究。我參與設立Mutualaidmyanmar這個慈善網站，旨在支持緬甸公務員和平抗議軍政府，再加上我曾在公開場合與撰文支持反對派人士，在這種狀況下，只要軍政府繼續掌權一天，我幾乎不可能獲准返回緬甸。然而即使上述難以跨越的藩籬能一一撤除，年老體衰的我要想繼續研究，也將面臨諸多困難。

幾位閱讀本書原稿的評論者都注意到，討論河靈（river spirits, *nats*〔納〕）的章節，還有篇幅更大、討論伊洛瓦底江生態區與水文學以及描繪人類重大干預的章節，似乎都與先前的河流敘事毫無關聯。他們的評論是對的。我原本希望再花兩年的時間與緬甸同事從事密集的田野調查，好讓上述各項主題聯繫起來，但現在我已經做不到了，理由前面已經提及。因此，為了了解「納」的角色與當地人對於漁獲量減少的解釋，特別是伊洛瓦底江自身的水文學與地貌學，我必須仰賴緬甸朋友與國際上研究伊洛瓦底江流域的專家權威。當然，他們一定有自己的觀點，而且往往比我高明許多！我希望這本書不僅能呈現出不同的聲音，也能讓這些學者傳達出重要的知識。

致謝

我很幸運有三名共同研究者從旁協助，他們讓我了解緬甸人是如何運用河靈的觀念與當地一套理由來解釋緬甸漁獲量長期減少的現象。奈因頓林（Naing Tun Lin）與茂茂烏（Maung Maung Oo）一起訪談了當地漁民與了解河靈的人，他們是協助我了解緬甸河流的重要人物，我永遠感謝他們。奈因頓林是我長年的緬甸語家教與好友，他的筆譯與口譯技巧始終讓我驚嘆不已。茂茂烏是個知識淵博的嚮導，他熟知河邊生活的一切，了解捕魚與神靈崇拜的事。索皎圖（Soe Kyaw Thu）製作了精美的幻燈片，這些幻燈片對於本書非常重要。如果沒有他們三人共同合作，這項研究不可能完成。遺憾的是，戰爭的危險使他們無法到曼德勒更南方的地區旅行，否則的話，伊洛瓦底江的河靈與捕魚經驗就能更完整的記錄下來。

我在二〇二一年退休，在那之前，我每年都在大學部開設河流專題討論課程。學生的熱情、大家一起研讀河流經典作品的過程，以及學生撰寫的研究報告，不斷使我更理解河流、流域、河流生命與魚類。

將近十年的時間，前後有幾位擔任我的助理的研究生與大學生，他們的好奇心與審慎分析擴大且深化了我對河流的認識。麥克・雷布沃爾（Michael Lebwohl）寫了一篇論文，討論古代伊洛瓦底江的地理歷史。達娜・格雷夫（Dana Graef）仔細檢視了所有關於洪水與溼地的文獻。沒有她，我不可能從中找出珍貴可用的資料。最後，喬治・涅托（Georg Nieto）收集了大量關於伊洛瓦底江與一般河流的書單。不僅如此，他還幫我製作了十二英尺乘四英尺的巨幅伊洛瓦底江地圖，當我寫作時，這幅地圖就直接擺在我的眼前。

四位地理學家，夏爾—羅本・格魯爾（Charles-Robin Gruel）、尚—保羅・

布拉瓦爾（Jean-Paul Bravard）、雅尼・岡內爾（Yanni Gunnell）與伯努瓦・伊瓦爾斯（Benoit Ivars），提供了大量關於伊洛瓦底江地貌學、沖積島嶼、汙染、魚群與鄰近氾濫平原的研究。他們的龐大報告無論在規模還是細節上都無與倫比，凡是研究伊洛瓦底江的人都必須參考他們的資料。我在他們與他們的贊助者同意下大量使用了他們的地圖與圖表。

讀者會注意到，我在本文穿插了不少圖像、地圖與河邊生物的照片。普拉提瑪・加爾格（Pratima Garg）與賈桂琳・李（Jacquelin Ly）的選擇與安排助了我一臂之力，她們神乎其技地處理圖片資料，沒有她們，我根本辦不到。

許多學者與朋友的協助，使我對河流與緬甸有了更深刻的了解。我要感謝許多人的作品與評論，但我知道我一定遺漏許多該感謝的對象（對此我要致上歉意）：馬克・喬克（Mark Cioc）、吳欽茂基（U Khin Maung Gyi）、索皎圖、修・萊佛士（Hugh Raffles）、馬丁・杜爾尼（Martin Doyle）、詹姆斯・普羅塞克（James Prosek）、塔拉菲・丹（Tharaphi Than）、頓敏（Tun Myint）、安清（Anna Tsing）、大衛・比格斯（David Biggs）、塔包森（Thabaw Sein）、威廉・申德爾（Willem van Schendel）、保羅・布雷頓（Paul Breton）、伊恩・拜爾德（Ian Baird）、麥可・昂區溫（Michael AungThwin）、尼克・契斯曼（Nick Cheesman）、皎山萊（Kyaw Hsan Hlaing）、大衛・莫伊（David Moe）、阿德絲・茂・堂蒙（Ardeth Maung Thawnghmung）、海倫・瑪麗亞・凱德（Helen Maria Kyed）、曼蒂・薩丹（Mandy Sadan）、艾瑞克・哈姆斯（Eric Harms）與札利文（Zali Win）。

最後，我最感謝的是我一直非常尊敬的耶魯大學出版社主編珍・湯姆森・布萊克（Jean Thomson Black），她是人們眼中的楷模。我要感謝傑出的編輯／編輯助理伊莉莎白・希爾維亞（Elizabeth Sylvia），以及影像與地圖處理大師比爾・尼爾森（Bill Nelson），感謝他們讓這本書成功付梓。

導論　談談河流

把時間拉長來看，河流是活的。它們誕生、它們變化、它們改變河道、它們創造通往大海的新水路；它們緩慢流淌，也急速奔流；它們（通常）蘊含著豐富的生命；它們會類似自然死亡一樣步入生命終點；它們會受到傷害變成殘廢，甚至遭到謀殺。河流雖然必須遵循水力法則，但每一條河流都有自己的性格與歷史。因此，我們可以理直氣壯地說，每一條河都有自己獨特的生命歷程與生態傳記。任何河流，如奧利諾科河（Orinoco）、尚比西河（Zambesi）、密西西比河（Mississippi）、黃河、恆河、亞馬遜河（Amazon）、多瑙河（Danube）、伊洛瓦底江，從各方面來說都是獨特的，就像生活在河邊的薩滿、哲人、漁夫、哲學家、暴君、叛亂者與聖人一樣，有著自己獨特的一生。當然，河流的預期壽命遠比個人生命長得多。但這種預期壽命已經被人類發明的火藥、挖土機與鋼筋混凝土改變；此外還有厚人類世（thick Anthropocene）的大加速（Great Acceleration），人類的干預已經大大提高河流的死亡率與發病率。[1]

談到人的一生，我們會從人的壽命來思考，那麼談到河流的一生，我們就應該放大時間的鏡頭，從「河流的時間」來思考。我們預設的時間單位理應是河流的生命。一旦採取這種時間尺度，我們的視角將完全不同於智人，因為智人的時間尺度頂多只有三個世代（我們的父母、自己與我們的子女）。其他的實體，例如我們要談的河流，運作的時間尺度往往遠比人類漫長，我們唯有採用它們的時間尺度才能了解。如果我們研究的是其他生物的生命長度，例如魚類、昆蟲或鳥類，那麼我們的時間感也會成比例地縮短，除非我們研究的是整個物種的生命長度。

因此，我們採取的時間鏡頭往往取決於我們想了解的對象。在地球長達

四、五十億年的地質時間裡，世界上所有的河流都只是個嬰兒。如果我們依照尼爾·舒賓（Neil Shubin）的圖表，把地球的歷史成比例縮減到只有一年，一月一日代表大霹靂（Big Bang），而十二月三十一日的午夜代表現在，那麼直到六月為止，地球上只有單細胞微生物，如藻類、細菌與變形蟲。[2] 人類出現在十二月三十一日。大多數河流直到末次冰盛期由盛轉衰之時，才轉變成我們今日熟悉的面貌，時間大概距今二萬年前。在那之前，地球上絕大多數的水都鎖在極地冰帽裡，海平面也比現在低得多（大約低一百二十公尺），許多河流從現在的角度來看不過是涓滴細流。之後，長達六千年的劇烈融水脈動（meltwater pulse）讓海平面上升大約一百公尺，形成巨大的海灣或湖泊，淹沒了許多低窪的河流三角洲，包括伊洛瓦底江三角洲。隨後陸地因為不用負擔冰河的重量而隆起，加上沉積物的沉積與海平面稍微下降，產生了我們今日熟悉的河流樣貌。另一個例子是北美洲的聖羅倫斯河（St. Lawrence River）。聖羅倫斯河今日的形式，源自於冰封的阿格西湖（Lake Agassiz）與勞倫泰冰蓋（Laurentide ice sheet）迅速融化，導致原本被冰河重壓的陸地反彈上升。大約一萬年前，冰河融冰產生的巨大脈動往東沿著地質斷層線傾瀉而下，這條斷層線就是今日聖羅倫斯河河道。一些地質學家認為，這場重大的氣候學事件導致海平面驟升一到三公尺，造成史無前例的洪水，也讓北大西洋氣候更加嚴寒。類似的例子還有很多。重點是，從地質學來說，此時許多河流仍處於萌芽階段。與人類生命相比，這些河流幾乎是長生不老，然而與人類整個物種相比，河流卻遠比我們年輕許多。

那麼，究竟什麼是河流？對絕大多數讀者來說，包括我在內，提到一條河的名字，例如密西西比河與尼羅河，總會想到地圖上標示的河流河道，從源頭開始，穿過陸地，最後注入大海，前提是如果這條河「乖巧」的話。透過不同專家的鏡頭，我們會發現一條河擁有不同的特定利益。對水文工程師來說，河流代表可以興建水壩發電，或應該興建堤防與溢洪道來保護有價值的地產。對公衛專家來說，河流代表可以提供飲用水給沿岸居民。對於在氾濫平原耕種的農民來說，河流除了是重要的灌溉水源，也能帶來有養分的沉積物。對商人與船運公司來說，河流代表可以航行的通衢大道，可以運送貨物到上下游。對製革廠、水泥廠或化學工業來說，河流可能只是一個方便而且免費的汙水排放系統。上述這些說法，或多或少都把流動的河水當成一種可以用來獲利的資源，或者說得好聽一點，可以為全人類帶來好處。

本書拒絕採取這種狹隘的人類中心主義觀點，主張用更寬廣的角度理解河流。首先，我們堅持把河流視為各種生命形式的群聚，有無數生命仰賴河流存在並獲益。在這些生命形式中，智人也是其中之一——或者說，智人只是其中之一。河流中還存在數百萬種其他生命，包括生命短暫的昆蟲、水鳥、貽貝、魚類、氾濫平原上的植物與樹木、長壽的淡水豚與斑真鮰。所以，如果我們想像河流所有公民組織了議會，針對河流的狀況與命運進行辯論，那麼人類將只是少數黨[3]（我將在第五章試圖想像這樣的場景，讓其他公民也有發聲的機會）。傳統上，我們對絕大多數河流的理解，總是局限在河流的幹流上，也就是源頭以下的地區，以及三角洲與分流以上的地區。這種習慣似乎來自於地圖繪製人員的通行做法，他們總是將「河流」最大的流動部分標示出來，接著上溯直到冰河、湖泊或泉水為止，然後將此地標示為河源。為了追溯尼羅河、湄公河或亞馬遜河的源頭而死亡的帝國探險家人數，幾乎與率先攀登世界最高峰而死亡的人數不相上下。此外，在河源的判定上，不僅長度最長的上流支流可以成為河源，連水量最大的上流支流也可以成為河源。簡單地說，河流從哪裡「開始」，完全是主觀判斷。

如果我們認為河流是所有仰賴流水、淤泥、黏土與砂礫（這些元素我們都稱為河流）之生命形式的群聚，那麼我們對於河流的概念，就必須包含河流的所有上流支流與三角洲分流。這些支流分流構成了整個流水與氾濫平原系統，許多仰賴河流的生命形式也在眾多水路之間遷徙，依靠洪水脈動取得營養與繁殖。這些事實需要一個有系統的觀點。河流不能當成樹幹來理解，而應該當成植物，我們要了解植物，就必須考慮植物的葉子與根，還有植物所需的養分，養分在植物內部流動，使植物各部分連繫成一個整體。

從生物的角度來看，河流整體包含了支流、溼地、氾濫平原、回水區、漩渦、週期性的草沼，這是貨真價實的生物形式走廊。距離河流與氾濫平原愈遠，生物的生命濃度下降得愈劇烈。這種下跌的現象不僅發生於生活在水裡或水邊的魚類、雙殼貝類、水鳥與烏龜身上，也發生在仰賴生物多樣性以獲取營養的河流鳥類（例如猛禽與蒼鷺）、哺乳動物與爬蟲類身上。不只動物，連植物也是如此，因為生活在水中的植物（藻類、草與水生植物）與生活在水邊的植物，都仰賴季節性的洪水脈動提供的養分維生。植物繁盛會吸引草食性動物（如加拿大馬鹿與鹿）前來，之後肉食性動物（狼與大型貓科動物）則緊隨而至獵食草食性動物。

如果流動的水代表「河流性質」中不可或缺的養分，那麼或許我們的觀點還是太狹隘。人們也許會問，為什麼我們不重視那些地圖上從未標明的微型流動，難道只因為這些流動太微小或屬於季節性？每條支流都有自己的支流，而支流的支流當然也有更小的涓滴細流在源源不斷地提供水源。同樣的，在地圖上繪製河流的人決定在哪裡停筆，也是專斷獨行之事。因此，只有「水景」（waterscape）一詞才能恰當地涵蓋我們傳統意義上的河流。這也是（或理應是）我們對「流域」（watershed）一詞的理解。如果我們把流域想成循環系統，那麼雨水、露水、只在春天形成的池塘、泉水，這些微型水路就成了支撐整個系統的毛細管，或者更好的說法是微型支流。這些微型支流提供的不只是水。由於它們布滿整個流域，因此絕大部分河流生態需要的養分都由它們收集運送。如果排除掉這些微型支流與洪水脈動，那麼剩餘的河道根本無法維持豐富的生命形式。

我覺得可以把河流的運作方式想像成一棵枝繁葉茂的大樹，只是兩者的運作方式截然不同。植物是藉由毛細現象來對抗重力，但流域的運作完全仰賴重力。植物的根部靠著數百萬根菌根連結，收集必需的養分供植物生長與繁殖。從功能來看，這些菌根就像流域中數百萬個潮溼地，緩慢地聚集與傳送蘊涵養分的水到溪流與支流，然後匯入幹流、分流，最終注入大海。植物的葉子與果實如同豐饒而肥沃的氾濫平原（無論有沒有被開墾），匯聚整個流域的養分，支撐起河流豐富的生命。

＊　＊　＊

河流可以「幫助我們理解很多事」。對人類中心論與大加速感興趣的人，河流是醒目的例證，顯示人類試圖控制與馴化自然過程將造成什麼結果。事實上，我們至今仍無法完全理解自然的複雜與多變。十九世紀中葉，喬治・伯金斯・馬許（George Perkins Marsh）在他的作品《人與自然》（*Man and Nature*）中，非常有先見之明地提出河流是人類影響自然系統的第一個例證。[4] 各地的氾濫平原是人類早期文明的生產中心。管理氾濫平原、提升灌溉水利、控制洪水與運送貨物（特別是木材），成為治理國家的首要之務。因此，當人類最初努力馴服這個野蠻的自然世界時，他們的焦點就是河流。從羅馬的輸水道，到漢朝的水利專家，再到十七世紀晚期歐洲的運河泡沫，為了政治與經濟利益，人類投入龐大的資源管理河流。因此，如果我們想要了解人類干預複雜自然系統使其符合人類與國家目的的歷史，那麼管理河流的故事，將是用來衡量人類中心論的理想指標。

第一章　河流：時間與移動

即便如此，它依然在移動。

——伽利略

萬事萬物都在流動。

——瓦西里·格羅斯曼（Vasily Grossman）

萬事萬物，也就是說每一件事物，都在移動。我們找不到任何一件事物是靜止不動的。

然而根據每日所見所聞與舉止行動，我們通常會理所當然地認為，有些事物在移動，有些事物則靜止不動。踩在腳下的大地，聳立在地平線上的群山，用來遮蔭的樹木，這些看起來全是靜止不動。以遮蔭的樹木來說，我們都知道樹木是生物，樹木發芽、長大、成熟到最終死亡，然而從天或週的時間尺度來看，改變幾乎微乎其微。就在我們觀看樹木的當下，樹木確實在地貌上靜止不動。

要掌握萬物如何普遍運行，幾乎完全取決於我們能否放大感官的時間尺度，才能看見原本在短時間尺度下無法看見的大規模運動。我能想像的最大時間鏡頭就是「銀河時間」(galactic time)，在這種時間尺度下，我們微小太陽系的生命（與即將來臨的死亡）在銀河系長達一百三十五億年的歷史中，不過是個短暫且相對晚近的插曲（發生於四十六億年前）。若把時間尺度縮小限於「地球」的時間尺度中，便可以關注地質時間的複雜運行。我們今日習以為常的全球各大陸地圖，其實是大規模板塊運動造成的，而盤古大陸的分裂時間大約發生在三億三千五百萬年前。即使我們感覺不到，但我們其實正隨著大地在緩慢移動，在地球表面一年移動兩公分左右，可能高度會稍微抬升一點，也可能更接近海平面一點。大西洋正持續不斷在變寬，將歐亞板塊與非洲板塊推離北美洲板塊。

要捕捉時間漫長且貫穿各個時期的運動，最方便的做法就是透過一連串依照時間序列拍攝的快照，並且依照先後順序排列，就能以如同縮時攝影的方式觀察（例如後面附上的幾張圖片）。值得一提的是，將前後接續的「靜止」畫面並排，可以讓畫面彷彿在運行發展。除非事前提醒，否則觀看者很容易想當然耳地認為，每張快照之間的變化速度是固定且一致的。然而事實上並非如此。

再把時間尺度縮短一點，上面提到的做法也可以用來表現地球歷史的冰期與間冰期。當我們把時間鏡頭放大到數十萬年，便得以捕捉到極地冰帽大規模的前進與退縮，以及這些變動所代表的氣候分期。其中一個氣候分期顯示，從十二萬三千年前到近乎今日為止的冰河變化。

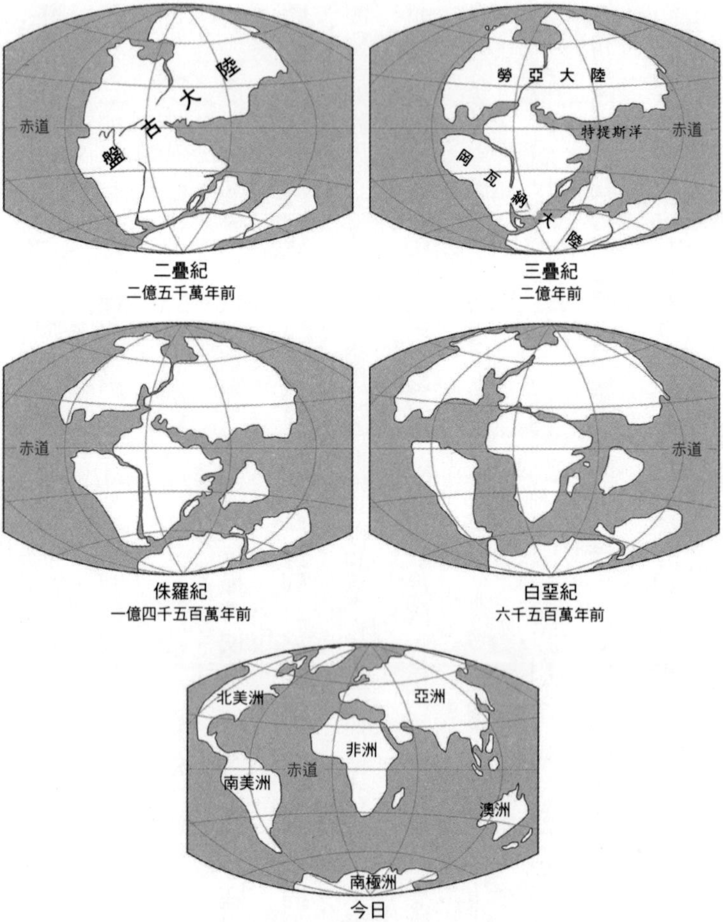

圖1　構造板塊從二億五千萬年前的盤古超大陸移動到今日的位置

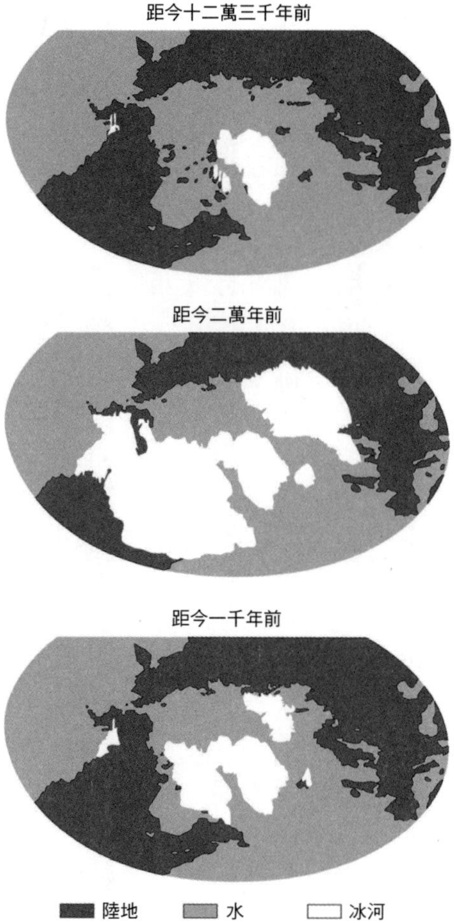

圖2　從十二萬三千年前到距今一千年前，北美洲與歐洲北部冰河的前進與退縮

從銀河時間到構造板塊時間，再到冰河時間，時間的範圍可以說劇烈縮減了。其中冰河時間至少已經與可稱為智人時間的範圍重疊，而就解剖學來說，我們相信現代人類出現的時間稍早於二十萬年前。雖然這個智人概念與最近的考古發現相符，但絕大多數人類學者，包括歷史學家在內，都傾向於認為智人時間的起點，大約落在肥沃月彎最早的城市開始留下各種文明證據的時期，包括紀念性建築、奢侈的墓葬與最初的書寫文字，時間最早不超過一萬二千年前。

即使在這種以宇宙角度來說極其短暫的時間尺度裡，依然足以發現我們認為固定與靜止不動的事物在移動，例如遮蔭的樹木。大約二萬年前，在最後一次冰盛期寒冷而乾燥的環境下，橡樹與山毛櫸只分布在伊比利半島、義大利與巴爾幹半島的一小塊山區。[1] 隨著氣候逐漸變暖與溼潤，大約一萬四千五百年前，橡樹與山毛櫸開始藉由散布種子與花粉的方式向北遷徙，中間曾因為遭遇寒冷的新仙女木期（Younger Dryas，大約一萬二千年到一萬一千六百年前）而短暫後撤，之後又繼續往北快速遷徙，整個過程至少到八千年前才告一段落。

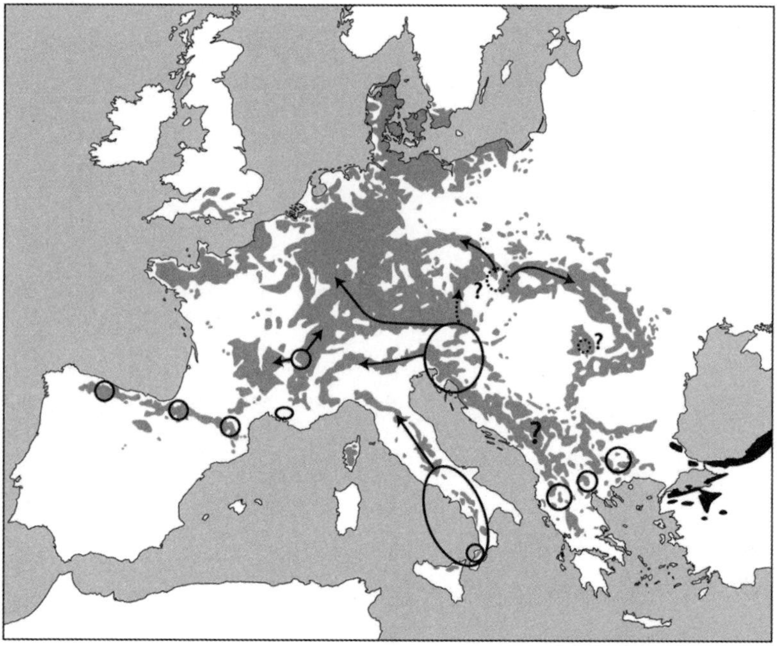

圖3　在最後一次冰河期，歐洲山毛櫸（*Fagus sylvatica*）在嚴寒下僅剩的分布地區，以及在冰河退縮後重新殖民的路線。圓圈部分表示歐洲山毛櫸最初主要分布的地區，箭頭表示冰河退縮後的擴張路線。問號與虛線則分別表示假定或推測的冰河期分布區與後冰河期的擴張路線

在這段時期，只要氣候合適，加上授粉者與鳥類配合，橡樹與山毛櫸的移動速度其實與跨越白令海峽前往西半球的智人不相上下。透過恍若縮時攝影的眼界，可以顯示這些植物移民以不規則的速度一點一滴地朝北半球高緯度地區殖民。與許多殖民者一樣，這些植物也塑造出新的地貌。樹木們不僅集體遷徙，更帶著土壤、微生物、昆蟲、授粉者、鳥類與動物一同移動，智人當然也緊隨在側。由橡樹與山毛櫸構成的落葉樹森林，取代了較為耐寒的針葉樹森林，而針葉樹森林則轉而往更高緯度的地區殖民，取代了原先支配該地的大草原與苔原生態。

只要稍微從不同的時間框架思考，就能清楚看到我們日常生活忽視的移動與變遷的世界。這種換位思考也證明了歷史的顛覆力量，使我們了解原本視為理所當然的事物未必總是如此，也不見得永遠不變。歷史挖掘得愈深入，時間框架愈寬闊，我們的世界就愈處於變動之中，而我們確信的事物也愈容易受到質疑。[2]

我們會認為，人類是以「人的一生」作為預設的時間框架或時間視角。人類壽命的長短界定了我們。自傳、回憶錄與傳記都有意識地在人類壽命的限制下書寫，大部分的小說與電影也是如此。我們也許可以更擴大一點，把我們物種預設的時間視角延伸為三個世代：祖父、父母與子女。對於個人與家庭的敘事來說，這樣的視角範圍非常適切。然而，對於「我們整個物種」來說，這樣的視角範圍非常狹隘。適合物種個體的鏡頭，與適合物種整體的鏡頭，兩者差異極大。就個體而言，大象與鸚鵡的壽命顯然比蜻蜓與海星長得多，但就物種的集體存在而言，大象與鸚鵡的壽命反而比蜻蜓與海星來得短。植物的世界也是如此，個別的橡樹也許相當長壽，但就物種整體而言，橡樹卻比木賊（horsetail fern）* 來得年輕。

如果我們聽從自然學家與環境史家的建言，把視野從個別生命擴大到整個

* 編注：一種蕨類。

物種，那麼我們必然能看到一生中都未必能目睹的變遷與移動。然而，如果我們注意的對象不是特定物種，而是一群物種與它們的棲地呢？例如當我們研究一整片山區與森林、一座城市或極地冰帽，對於生活其中的所有物種來說，這些地方是它們的棲地，也是它們生活的世界。在談到河流時，我們研究的目標包括河流的歷史、河流的移動、河流中生存的物種、河流的演變或者在人類干預下被改變的過程，以及所有這一切造成的結果。

移動的河流

馬克・吐溫在《密西西比河上的生活》（*Life on the Mississippi*）評論說：

了解密西西比河的人會立刻斷言（不是大聲嚷嚷，而是自言自語），即便有一萬個河流委員會，帶著全世界的水雷前來，也無法馴服這條無法無天的河

> 流，無法約束它或控制它，無法命令它往這裡流或往那裡流，無法讓它順從；無法挽救它沖刷的河岸；找不到任何它無法沖破、在上面跳舞與嘲弄的障礙物來截斷它的去路。然而一個深思熟慮的人不會輕易將這些話說出口，因為在這個世界上找不到比西點軍校畢業的工程師更優秀的人才，他們精通所有的深奧科學。因此，既然他們認為自己可以用手銬腳鐐來約束密西西比河，並且對它發號施令，那麼不懂科學的人就該明智一點閉上嘴，保持低調，等他們動手治水再說。

要不是因為我們從視覺與地圖理解的世界隱含著萬物靜止不動的假設，馬克·吐溫也不需要如此大費周章地堅持移動與流動才是河流的本質。我們總是從遠處理解河流，將其看成地圖上的一條實線，不論是相片或風景畫裡呈現的河流總是平靜地沿著既有的河岸流淌。迪利普·庫尼亞（Dilip da Cunha）信心滿滿地表示，地圖上的這條線，清楚劃開了陸地與水。[3] 以恆河來說，這條陸地與水的分界在雨季會完全消失，恆河會整片覆蓋在氾濫平原上。河流的水源若來自可預測的融雪或季節性與雨季的傾盆大雨，這樣的河流便鮮少有一條明確的分界。像亞馬遜河這樣的大河，在四月底的洪水季，河面總是比十月枯水季寬了四十倍，水面也比枯水季高了十二到十五公尺。地圖上用來表示亞馬遜河河道的線，完全無法清楚呈現這種劇烈變化。生活在亞馬遜河沿岸的居民很清楚亞馬遜河絕不會照著地圖上的線流動！

這種現象再自然不過，如果我們把時間鏡頭的光圈開到最大，可以清楚發現今日看到的河流，例如尚比西河、俄亥俄河或湄公河，這些河流在一千年前如果存在的話，一定與現在大不相同。它們的河道可能因為地震或火山而出現劇烈變化，甚至可能因為構造板塊超越臨界值而緩慢且無法逆轉地飄移，導致整條河的流向完全相反。我們稍後會更詳細地說明，緬甸的伊洛瓦底江在近期的地質時間因為波巴山（Mount Popa）火山噴發而改道，之後又再次改道往西入海，原本的河道成為今日的錫當河（Sitaung River）。在一場洪水中，伊洛瓦底江便越界溢出原本的河道，重新回到錫當河所在的舊河道，顯然，河流改道絕非無可逆轉的結局。

地質時間的氣候變遷，特別是全新世（Holocene）的溫室效應使海平面上升，淹沒了許多低窪河流，至今仍然可以在海床上發現這些河流的遺跡。有些河流在最後一次冰盛期尚不存在，但在冰盛期結束後，便成為洶湧奔騰的急流。冰河說穿了就是一條緩慢流動的結冰河川。今日，我們專注探討人類造成的全球暖化，然而在遙遠的過去，地球自然運轉造成繞日角度變化，便導致了長期的氣候循環，時而暖化、時而冷卻的變化催生了河流，又讓河流原地凍成了冰。

智人雖然能塑造河流，但早在智人出現之前，河流本來就會移動。我們已經提到幾種河流移動的案例，我們稱之為河流移動的外在原因，例如地震、構造板塊、火山與氣候變遷。但我們忽視了河流其實有許多方式可以自行移動，這種方式又稱為水文循環。如果把河流當成往山下流動的水，那麼河流看起來就像一條巨大的傳動帶與容器，把泥沙、沙子、黏土、砂礫與植物從高處運往低處。坡度愈陡，水流動得愈快，運送到低處的物質也愈多。在這個過程中，河流沖刷出新河道，創造出新的氾濫平原，沉積了足夠的土壤原料來擴充與重塑海岸線，更進一步消弭了地圖上用來劃分陸地與水的明確界線。

在沒有人類干預下，河流的能量依然可能導致通往大海的河道堵塞，使河流「跳到」新河床，這完全是自然現象。這種現象最常發生在河流下降進入到較為平坦的海岸平原之際。當河流流速減緩，從上游沖刷下來的物質開始在河床沉澱，導致河床升高。河流攜帶的沉積物愈多，海岸平原的坡度就愈平緩，河床上升的速度就愈快。因此，河流等於為自己建立了堤岸與障礙，因為比較粗大的物質，如砂礫、鵝卵石，會最早沉澱；而沒那麼粗的物質，如沙子與小石子，會繼續漂浮一段距離後沉澱；至於最細微的泥沙與黏土則是最後才沉澱。河床的上升會減緩河流流速，甚至阻礙河流前進。河流於是從河道兩側溢出，從地勢更低的地方加速流向大海。然而，接下來新河道依然會重複先前的動態過程，每隔一段時間就沖刷出新的河道通往大海。[4]

最能說明這段過程的莫過於黃河這條連續數千年變化無常的河流。黃河位於平坦的華北平原，是中國文明最初的搖籃。[5] 黃河在山東半島以南與以北的區域來回擺盪，持續堵塞通往大海的去路。黃河之名就是源自於所攜帶與沉澱的大量沉積物。

下圖描繪了三千年來黃河流經的諸多河道。過去二千五百年間，黃河至少改道了二十六次，往北擺盪到山東半島以北流入渤海灣，往南擺盪到山東半島以南注入黃海，然後又往北擺盪。改道產生了許多河口，其中相距最遠的達到八百公里。

另一張圖追溯了從一〇四八年到一三二一年，不到三百年的時間黃河的河道變化。這種把乾燥土地與河流截然二分的縮時攝影性質，無法呈現不定期發生的洪水災禍，也無法呈現洪水導致的溼地膨脹收縮。黃河河道多變的關鍵因素，包括大量泥沙、水量變化，以及最重要的當地坡度極度平緩的氾濫平原。

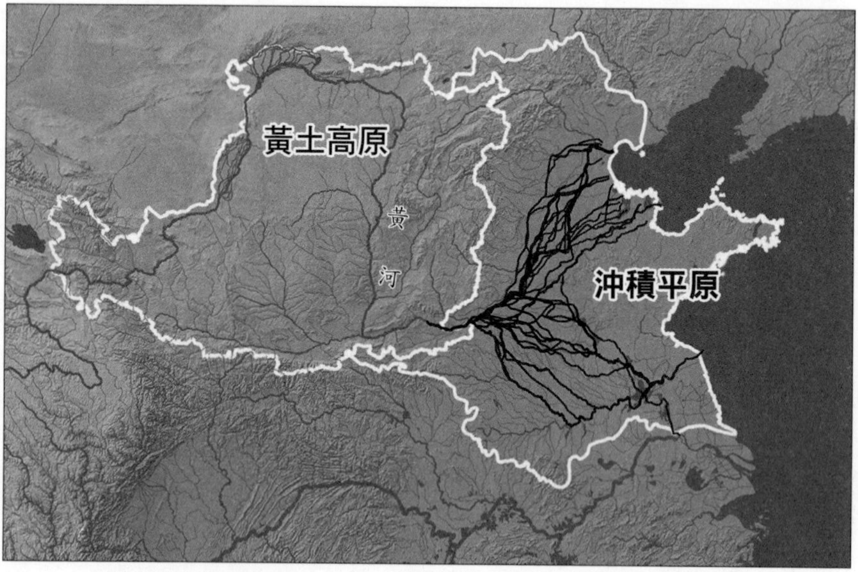

圖4　三千年來黃河改變的河道

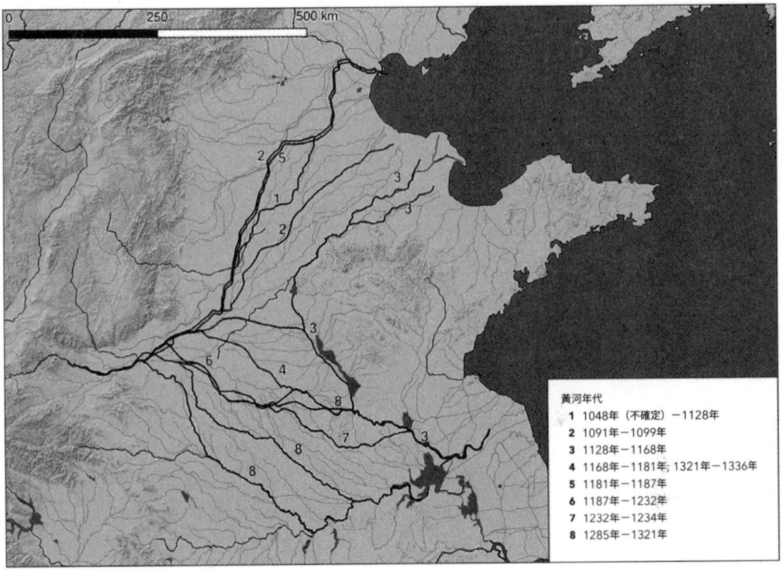

圖5　黃河河道變化，一〇四八年到一三三六年

實際上，黃河所有的重大改道全集中在開封附近極度平坦地帶，這個地區剛好位於黃河氾濫平原的西緣。地形平坦導致此區特別容易出現洪災；在毫無屏障之下，黃河水面只要稍微上升，就足以淹沒此處廣大的平原地帶。此外，黃河每年固定會從上游易沖刷的黃土高原攜帶大量沉積物而下，而黃河河道也愈來愈容易出現變動。雪上加霜的是，根據馬瑞詩（Ruth Mostern）的研究，為了軍事與農業屯墾而大規模砍伐森林，也產生了大量沉積物，使平原急速上升，黃河河道持續阻塞，只好頻繁溢出河道尋找新的出海口。

開封附近的河床因為沉積物而升高，為了保護鄰近農業人口（可用來徵稅與徵兵！）而興建的堤防也必須跟著加高。結果造成某位歷史學家所說的「技術鎖定」（technological lock-in）現象，也就是說，圍堵河流導致河床提高，於是反過來繼續提高防護堤高度。[6] 結果形成一個弔詭現象，河床不斷升高，最後高度居然「超過」了旁邊的氾濫平原。以河南開封附近的黃河來說，河床比鄰近平原高了十公尺。我們該如何理解這樣一個違反傳統河流認知的情況？常識告訴我們，我們在這裡看到的與其說是河流，不如說是輸水道（aqueduct）。[7]雖然這是個極端例子，但沉澱過程導致河床上升，每年洪水自然而然在河的兩岸堆積出堤防，這些都是智人在當地出現之前就已經存在的自然過程。黃河歷史的特殊之處在於，除了上述自然過程，還有農業與軍事活動大規模侵蝕脆弱的黃土層，為了避免洪水侵害繳稅的臣民與農作物，堤防也不斷加固加高。

河流時間的反思

哈洛德．費斯克（Harold Fisk）是為美國陸軍工兵部隊工作的地質學家，他在一九四四年發表了一連串令人矚目的地圖，追溯從史前時代到二十世紀中葉密西西比河河道變遷的過程。他鑽了大約一萬六千個鑽孔，其中一些鑽孔深達一萬三千英尺（大約四千公尺），從中取得了土壤與沉積物的連續層，並且根據這些資料重建了密西西比河從伊利諾州南部到路易斯安那州這段河道的曲折歷史。以此繪製的色碼地圖（我們這裡必須改成黑白地圖）是如此引人注目，結果直接被當成展示品來販售。然而，即使用黑白呈現，這些地圖依然展現了橫跨三千年以上（「河流時間」）、罕見且令人著迷的動態過程。我們這裡重製的是密西西比河「曲流帶」（meander belt）的六號與七號地圖，涵蓋了密西西比河從阿肯色州馬里昂（Marion，該城的對岸就是曼菲斯〔Memphis〕）以下，到密西西比州三角洲城鎮格林維爾（Greenville）周圍氾濫平原為止的古代河道。

從「河流時間」的鏡頭來看，幾乎不可能畫出跟地圖一樣分明的水陸線。在漫長的時間裡，密西西比河已經重塑自己達數千次，在重塑自己的同時，密西西比河也為河流生物（包括智人）重塑了河流周圍地貌。

費斯克的地質研究與地圖清楚表現出重大的河流形態變化，甚至可以說是劃時代變化。若專注於「長時段歷史」（longue durée），便不得不忽略淺灘、沙洲與河道因為細小干擾而每天出現的微小變化。我在緬甸研究時，曾有機會體驗這種微觀擾動造成的影響及重要性。伊洛瓦底江產生的沖積平原孕育了緬甸文化，該地因此成為緬甸核心地帶，在雨季來臨前，每年十二月到隔年三月是伊洛瓦底江的枯水期。這個時期在伊洛瓦底江上航行特別危險，大型客輪與貨輪都必須小心吃水的深度，以免擱淺。當船隻往下游航行時更要留意，理由有二。首先，船速必須高於河水流速，否則船隻就會失控。其次，如果船隻不幸擱淺，水流的推力會讓船隻卡得更緊，使船隻無法倒退脫身。

人們也許可以想像，只要一名經驗十足的船長帶著一張詳細的河床地圖，便可以成功駛過伊洛瓦底江。然而實際並非如此，因為伊洛瓦底江的河床總是不斷變化，無法預測。我曾兩次搭乘小型船內引擎摩托船，船上乘客大約二十人，從曼德勒順流而下，前去蒲甘（Bagan）參觀古代遺蹟，因此有機會體驗航行的危險與避免擱淺的措施。船長定期往返這段水域至少有十年了，但他依然需要專家從旁協助才能航行。在八小時的航行中，我們一共換了四名領航員，每個領航員各自負責一段他們特別熟悉的河道。當我們抵達領航員熟悉河道的終點時，該領航員會下船，由熟悉下一段河道的領航員接手。而在航行大約兩

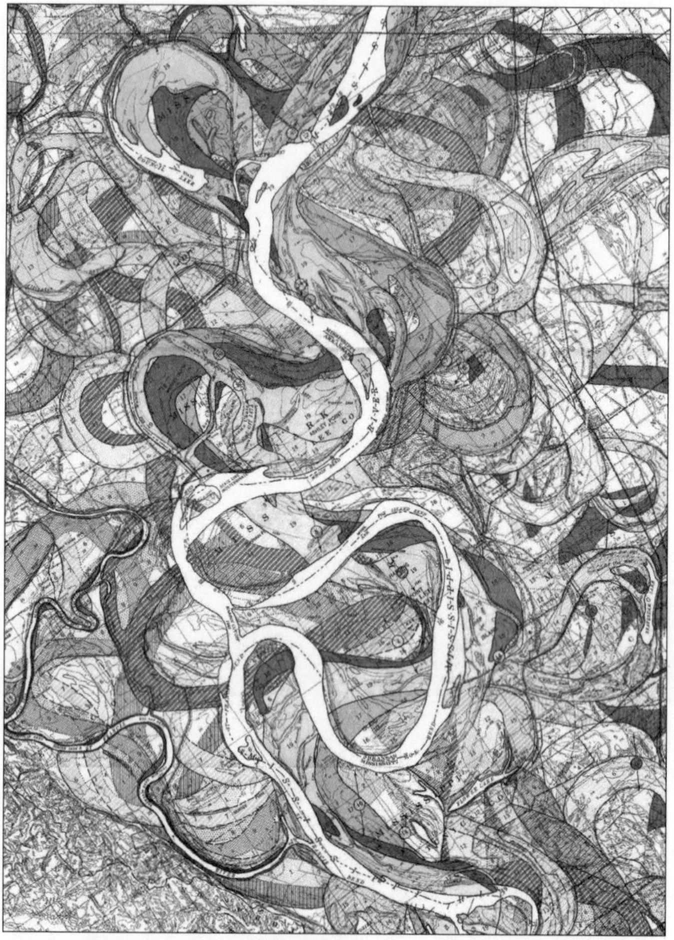

圖6　密西西比河的曲流帶六號地圖

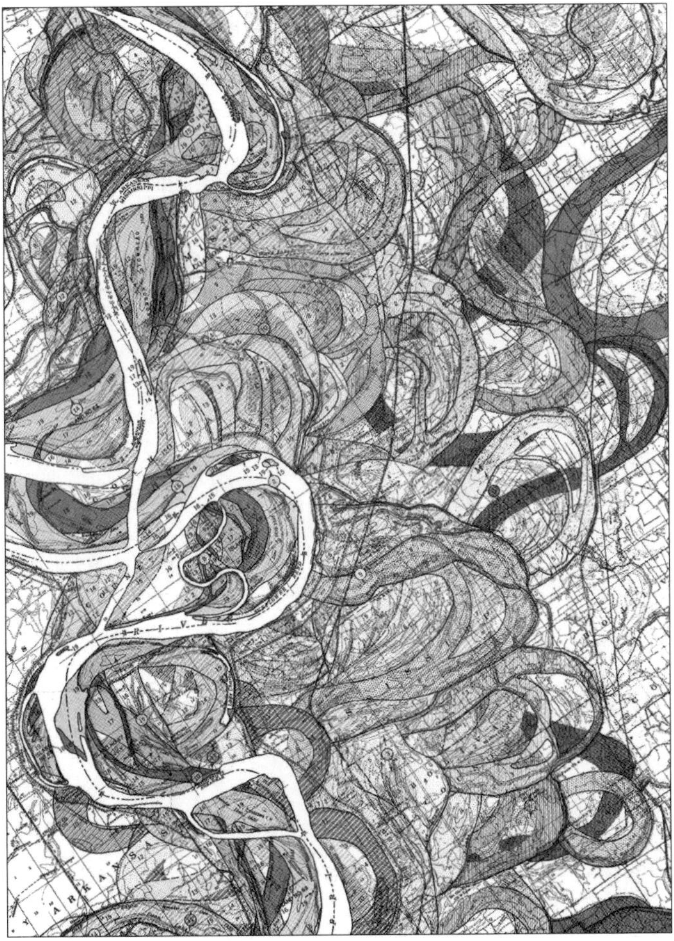

圖7　密西西比河的曲流帶七號地圖

小時之後，又會由第三名領航員接手，然後是第四名領航員，直到我們抵達蒲甘為止。伊洛瓦底江經常變動，因此船長在每個河段都需要「地頭蛇」來協助，才能保證航行安全。即使如此，每年乾季，船長依然會擱淺一兩次。

在枯水期，大型客輪與貨輪要不是完全停駛，就是大幅減少載貨量來降低吃水深度。即使如此，領航員失誤擱淺仍時有所聞。在最嚴重的狀況下，當擱淺的船隻無法用拖船拖出時，船隻只好留在原地，等到雨季來臨、水位上升，船隻才能脫身。很多情況是，即使擱淺的船隻載運的是非常珍貴的柚木（柚木無法浮在水面），但在乾季結束前也只能留在原地。如果載運的是其他貨物，那麼通常可以卸貨到小船上，骨瘦如柴的船員仍需留在船上，防止拾荒者搬光船上昂貴的機器、電子設備與管道。

有一次，我搭乘的大型客輪在往下游航行時擱淺。在經過幾個小時倒俥與試圖掙脫之後，三名船員下船到船的左側，大約離船尾約三十公尺處。他們走到淺水處，把一根大木樁打進河床，在木樁上綁了一條纜繩，然後把纜繩的另

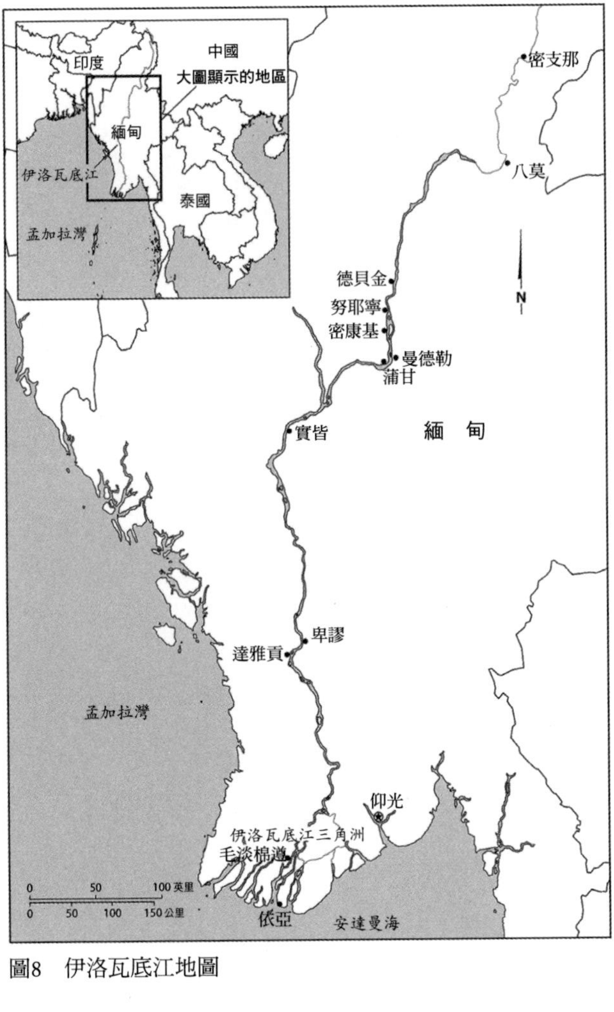
中國
印度
大圖顯示的地區
緬甸
伊洛瓦底江
泰國
孟加拉灣
密支那
八莫
N
德貝金
努耶寧
密康基
曼德勒
蒲甘
實皆
緬　甸
卑謬
達雅貢
孟加拉灣
仰光
伊洛瓦底江三角洲
毛淡棉道
0 50 100 英里
0 50 100 150 公里
依亞
安達曼海

圖8　伊洛瓦底江地圖

一端綁在船尾以馬達帶動的絞盤上。所有東西都固定好了之後，絞盤啟動，將船隻絞往左側，他們努力了一小時，船頭才終於擺脫淺灘。我後來得知，這是擺脫擱淺的典型操作，同時也凸顯了河床如此隨機與不可預測。[8]

持續變動的河道與水下淺灘在乾季形成特有的航行問題。在乾季，有時船隻無法往上游航行，例如在八莫（Bhamo）附近的河段。此時船隻必須下錨，把貨物轉移到小船上，才能在淺水河段航行。這些問題在豐水期的雨季（八月、九月）完全不存在，雨季的水量大約比乾季多了八倍左右。河水夠深，因此也不需要領航員。不僅順流而下的旅程較迅速且安全，逆流而上的旅程儘管必須對抗速度更快的水流，依然遠較乾季來得迅速，這是因為船隻不需要像乾季一樣左曲右拐地尋找可航行的河道。

圖9　在伊洛瓦底江，三名船員努力要讓擱淺的船隻脫身

靠著流動，河流走出自己的路

特奧多爾．施文克（Theodor Schwenk）在《敏感的混亂》（*Sensitive Chaos*）中提到：

> 水在大地上永不停歇地流淌著，就像時間的溪流一樣。水是最根本的旋律……水努力不懈地敲打著堅硬的地面，磨碎它、碾壓它、摧毀它，使其平坦，在此同時卻又再次堆積它，重新創造它……水是大地的生命之血，在廣大的血管網絡中流動，搬運數量多得不可思議的物質，每到一處就為大地及生物帶來生命……水改造了最堅硬的岩石與最高聳的山脈，分解了成形的結構，為嶄新的創造做準備。在所有新陳代謝形式中，水是最偉大的交換與轉變媒介。[9]

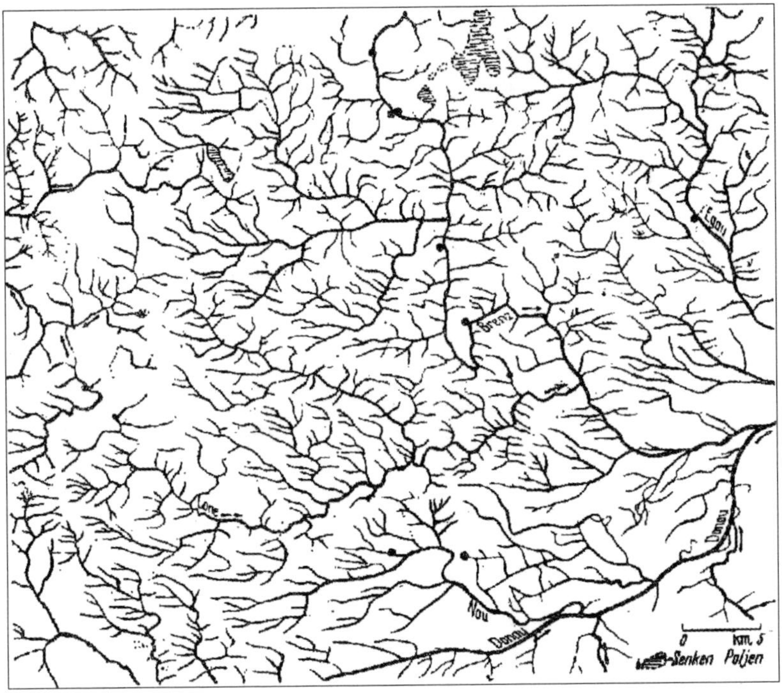

圖10　多瑙河在德國境內的支流布倫茨河的集水盆地的水脈分布圖

若要將河流的流動之水視為地貌轉變的核心動力，那就必須使用超廣角的河流時間鏡頭來觀察。流動的水需要很長的時間才能將岩石大卸八塊！如果認為這個過程僅靠水（也就是H_2O）便能完成，那麼就輕忽了生命形式的重要性，特別是細菌。要讓水得以「碾碎」岩石，生命形式絕不可少。

「流域」也同樣比「河流」更能貼切描述整體水文過程，主要是因為「河流」總是代表地圖上一條被命名水路的主要河道。這種對河流的狹隘理解完全忽略了河流的支流、支流的支流等等，甚至包括提供這些支流水源的最細微季節性溪流。因此，一條河流的完整地圖就像細緻的飾品，必須將每一條可辨識的水路標示出來。針對多瑙河上游支流布倫茨河（Brenz River）繪製的地圖，就清楚標示出所需的一切細節。

然而，我曾經說過，即使是這種程度的網狀組織，依然不夠全面。想要真實描繪流域裡的「水」，就必須提到「水景」這個詞，水景涵蓋了流域中的溼地、潮溼的土壤、小水坑、冰、露水與一般的地下水，這些要素在水景中皆不可或缺。這些「潮溼形式」，在單一水文系統中彼此連結。[10] 當我們談到以河流為棲地的生命形式時，這種由水構成的連結性便是討論核心。不過目前我們只需要了解，在絕大多數流域裡，水文連結會因為季節而波動，在河流處於豐水期時，連結性提升到最大；而到了較乾燥的季節，由於水分大量蒸發的關係，連結性會大為降低。

移動的曲流

「meander」這個詞源於土耳其中西部一條真正存在的河流，大門德雷斯河（Bügük Menderes），這條河蜿蜒流過平坦的平原，最後注入愛琴海。荷馬（Homer）的《伊里亞德》（*Iliad*）曾經提到這條河。在英文中，這個詞作為動詞，指漫無目標隨意閒晃，例如漫步、漫談或隨意書寫。然而，作為地質學與水文學的技術名詞，這個詞指的卻是特定的、非隨機的、有系統的移動模式。曲流

蜿蜒度的測量：河流河道的長度與直線距離的比值

圖11　河流的蜿蜒度

可以說是一種波，或者是「像波一樣」，曲流可以量化描述。曲流的量化公式可以簡單估算曲流的形式以及曲流偏離直線的程度。因此，要在地圖上繪製一條彎曲的河流時，河流的河道便會跟與其軌跡相符的「假設直線」比對。

假設直線的河流可以描述為「1」，若測量河流的實際長度，發現比直線距離長了百分之五十，可以描述為「1.5」，那麼這條河流就可以歸類為曲流。如果這條河流的河道長度更長，例如是直線距離的二點三倍，那麼「2.3」這個比值就稱為「蜿蜒度」。

河流的蜿蜒度取決於許多因素，例如河流通過的河谷寬度、河流經過的土地的侵蝕性。假設其他條件相同，坡度愈平緩，曲流程度就愈明顯。想像有一個完全平滑、絕對平坦與均勻傾斜的地表，水在上面會像平整的紙張一樣往下流。但大自然不存在這樣的地表。不規則的地表與坡度，總是會造成河流不均勻流動，因此產生了曲流。

與直線河流相比，曲流顯然很不同。筆直的河流坡度較陡、流速較快，可

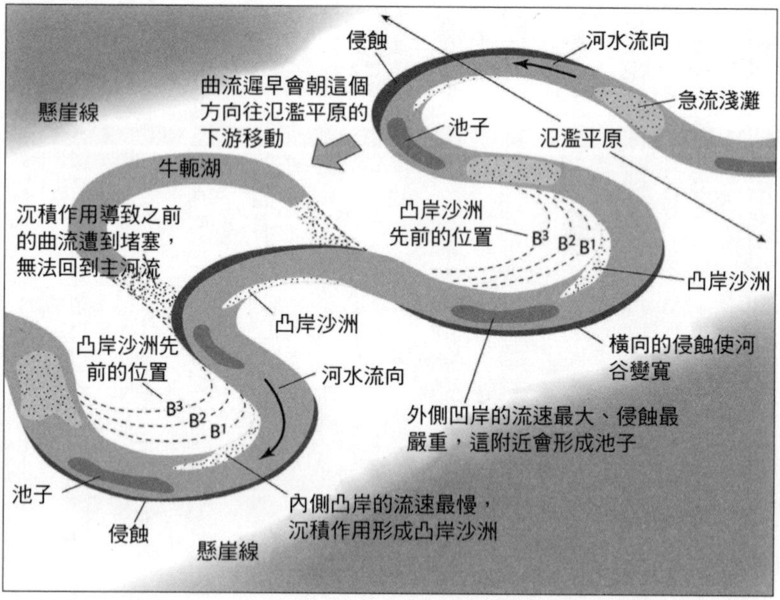
侵蝕
河水流向
曲流遲早會朝這個
方向往氾濫平原的
下游移動
懸崖線
急流淺灘
池子
氾濫平原
牛軛湖
沉積作用導致之前
的曲流遭到堵塞，
無法回到主河流
凸岸沙洲
先前的位置
B3 B2 B1
凸岸沙洲
凸岸沙洲
橫向的侵蝕使河
谷變寬
凸岸沙洲先
前的位置
河水流向
B3
B2
B1
外側凹岸的流速最大、侵蝕最
嚴重，這附近會形成池子
池子
內側凸岸的流速最慢，
沉積作用形成凸岸沙洲
侵蝕
懸崖線

圖12　曲流圖解

以運送較多沉積物到更遠的地方。對比之下，曲流產生的河流，河道較長、流速較慢，因此導致大量沉積物沉澱，沉積物進入氾濫平原之後，會在鄰近地區形成溼地與廣大棲地。

特別值得強調的是，一段時間後河流便會自然移動。早在智人出現之前，河流就會形成曲流。[11]河流不只是移動與沖刷出自己的河道，也重塑了整個地貌。

一旦河流或溪流形成小河彎，哪怕只有一個，都會導致曲流加劇。河水在河流外側凹岸的流速較快，侵蝕性較強，容易沖刷掉外側河岸。河流從河床挖出更多沉積物，挖出較深的池子。而河流內側的凸岸，河水流速較慢，因此沉澱了較多沉積物，形成所謂的凸岸沙洲。整個過程會不斷加劇。隨著外側河岸啃食掉愈來愈多地面，河水流速也持續加快；內側的凸岸沙洲則流速變慢，因此雕塑出愈來愈彎曲的河彎。這個過程絕非漸進發展，甚至不能說每天都有進展。曲流的形成反而絕大多數發生在河流處於或接近洪水期時，此時河水的流速可能達到巔峰，沉積物的數量可能最多。雖然曲流的發展是連續過程，但實際上往往會在短時間內加快腳步（沖蝕），而非一點一滴累積產生（沖積）。同樣地，標準且相對一致的曲流河彎（如下圖），只會出現在均質地形與相同坡度上，因此相當罕見。絕大多數河流在橫穿毫無顯著特徵的平原時，總會遭遇不同的土壤結構與岩石組成，因此會遭遇不同阻力，不太可能出現一致的形狀。然而這種不規則性，與大規模的突發改道事件（例如地震）截然不同，大規模改道事件會全面改造或摧毀整個河流的景象與整個流域。12

分離的牛軛便是曲流動態的貼切例證，展現了曲流本身既持續又不規則的性質。地圖呈現的河流靜態印象無法展現上述兩種核心特徵。侵蝕與沉積的水文力量使曲流愈來愈彎曲，也使在相同條件下的牛軛「項圈」愈來愈窄。最後，當河水進入洪水期時，必然會衝破項圈的狹窄地峽，使河水直接往下游傾瀉，相對快速且大量的河水將沖刷出新的河道，使曲流的河彎孤立於河道之外，形成所謂的「牛軛湖」。但這種情況不一定會永遠持續！到了隔年洪水期，河水可能會部分回流到牛軛湖，短暫地將牛軛湖與主河道重新連結，變成副河道。因此牛軛每隔一段時間就會被重新注水，成為溼地與副河道。如果基於某種原因沉積物開始在接近牛軛的河道位置沉澱，導致該地河床逐漸高於舊牛軛河道，那麼也許有一天，河流會從主河道溢出，改以牛軛河道作為主河道也不一定。費斯克的密西西比河曲流帶的色碼地圖，描繪了許多已經廢棄的河道，但這些河道在密西西比河漫長的歷史中，曾不只一次成為密西西比河的主河道。而這也再次提醒我們，整個複雜的曲流帶，本身就是一個緩慢朝下流移動的巨大傳動帶。[13]

不斷變化的河流對上百年洪水

之所以不斷強調河流總是持續移動與變化，主要是想讓赫拉克利特（Heraclitus）的名言得以詮釋得更為廣泛：「你無法兩次踏入同一條河流，因為

圖13　阿拉斯加州諾威特納河的曲流

新的河水總是源源不斷地流向你。」儘管如此，靜態、有規則與可預測的隱含設定，依然俯拾皆是。其中最明顯的莫過於五十年洪水、百年洪水乃至於五百年洪水的概念，一般新聞報導總是喜歡用這些詞彙來形容特定洪水。當萊茵河在短短十二年間遭遇了至少四次百年洪水時（分別在一九八三年、一九八八年、一九九三年與一九九四年），人們十分吃驚。嚴格來說，這種現象在統計學上並非不可能發生。百年洪水的概念不表示這樣的洪水一百年只發生一次。它的意思應該是，每年這樣的洪水發生的機率大約只有百分之一。個別投擲一枚硬幣，出現正反面的機率各是百分之五十，但連續投擲三次都是正面，不表示正面出現的機率會減少，導致下一次投擲不會再出現正面。

更大的問題在於，人們是根據何種統計基準計算出這類洪水發生的機率是百分之一？如果人們擁有過去五百年的洪水數據，那麼即使（在未經驗證下）假定這條河流的水文五百年來一直維持不變，並以此計算洪水風險，結果依然會比只擁有二百年洪水數據計算出來的洪水風險可靠得多。要計算出高度可靠的五百年洪水風險，原則上或許需要一千年的洪水數據。除了尼羅河、幼發拉底河、黃河、波河與長江這些可能的例外，根本不會有任何河流擁有如此長期的資料。對於絕大多數河流來說（當然也包括眾多支流），現存的水位歷史資料根本無法得出可靠的風險計算結果。

絕大多數（並非全部）洪水機率所犯下的重大錯誤，在於假定這些預測可以適用在同一條河與同一個水文系統上。[14] 事實遠非如此。如我們反覆強調的，河流總是在移動，而且由於有數千個變數影響結果，所以河流總是無法預測。從費斯克令人矚目的密西西比河歷史河道地圖可以清楚看出，我們不該認為眼前看到的河道依然適合用來描述未來。喬治・埃佛勒斯（George Everest）曾在十九世紀中葉率隊在印度進行地理測量，他在提到恆河地圖時表示：「沒有地圖能夠描繪〔恆河〕任何時候的真實特徵……無論何時，若想基於純粹的地理目的來測量這條飄忽不定的河流，主要目標必須是根據這條河流曾經流經過的地區劃定範圍，並且確定這條河不可能流出這個範圍，然後精確劃定範圍周邊的界線。至於描繪這條河目前河道的工作，則屬於次要任務。」[15]

埃佛勒斯明智地告誡我們，不要繪製明確的恆河河道地圖，他的說法有兩個值得注意的地方。首先，即使要詳細畫出「這條河流曾經流動過的地區」，也必須要有廣泛的時間序列數據作為基準，而這些數據在十九世紀中葉還不存在。其次，埃佛勒斯似乎提到了恆河的自然（也就是說，非人為造成的）移動。然而事實上，我們幾乎可以確定恆河的水文性質早已被人類開墾、森林砍伐、小規模的排水與灌溉工程所改造。歷經數十年、數百年，人類活動已經改變了這條河，為水文增添了嶄新而多變的紋理。早在大加速時代使用炸藥、搬運土石的重型機械與鋼筋混凝土徹底改造河流之前，河流的人類世就已經開始整治河流。

過去兩千年來，你無法兩次踏入同一條河流的主要原因，或許是人類已經大幅改變河流與周邊環境的生態。最嚴峻的干預或許就是農業開墾、畜牧、燃燒木材取暖、烹飪、建造屋子、冶金、挖礦與在窯裡燒製陶器，這些都使得氾濫平原的森林蕩然無存。在十九世紀晚期之前，也就是所謂的薄（或慢）人類世時期，河流是生態系統中被破壞最嚴重的。至一九〇〇年，在多瑙河沿岸，百分之九十五的上游氾濫平原已經消失，大約百分之七十五的中游與下游氾濫平原遭到破壞，百分之三十的三角洲氾濫平原無法恢復原貌。[16] 氾濫平原被破壞，能夠吸收與保持潮溼的溼地與森林被砍伐殆盡，讓多瑙河再也無法恢復一七五〇年時的風貌。現在的多瑙河攜帶更多沉積物，降雨與融雪造成的逕流速度變得更快，當然也更容易產生大規模洪水。智人不僅基於自身目的來試圖馴服與改變河流樣貌，智人也取代了其他塑造地貌的哺乳動物，然而這些動物對日常生態的影響顯然較為溫和，例如河狸。世界皮草貿易造成北美洲與北歐的河狸快速滅絕，嚴峻地影響了河流的水文，河狸創造的棲地有助於生物多樣性，當河狸消失，對當地生物來說便是一場災難。河流原本就會持續變遷，偶爾出現劇烈變化，但人類干預造成的河流樣貌與流動的改變，卻為河流增添了劇烈的不可預測性。

＊　＊　＊

面對河流的變幻莫測，人類試圖計算變異程度，並且為不確定性設定信賴區間，但通常是白忙一場。就像勞合社（Lloyds of London）對一千次航行下賭注，深信當中只有不到百分之二會遭遇災難一樣，美國陸軍工兵部隊、救濟組織與保險公司也調整政策，明確界定河流的不確定性。我們先前提到五十年洪水或百年洪水的概念，這類計算根據的資料，都是以穩定且靜態的河流為前提，然而這些前提早已站不住腳。當地貌改變的速度隨著工業革命帶來的人口成長、森林砍伐與挖礦而大幅加快時，這些類科學的估計顯然也不可靠。最後，二氧化碳排放量的失控，也使降雨、風暴、乾旱與蒸發這類影響河流行為的因素愈來愈不穩定，個別因素都有可能成為災難，讓河流更難預測。無法控制的影響背後，存在著不可知的臨界值，構成了我們必須面對、卻極端不確定的未來。

第二章　讚美洪水：與河流同行

無泥就無蓮。

——佛教格言

沒有洪水，就沒有河流。

——詹姆斯．斯科特

洪水脈動

對於棲息在河流與河流周邊的所有生命形式來說，一年一度的洪水脈動，是河流最重要的移動。無論是因為季風雨、融雪、冰河融化還是季節性降雨，洪水脈動代表著一年當中的某個時節，河流將會溢出河岸，淹沒鄰近的氾濫平原。每年洪水脈動的強度都不一樣，發生的時點不一樣，持續的時間也不一樣。洪水脈動是河流水文年度循環的自然現象，不是人類干預的結果。

氾濫平原週期性被洪水淹沒，其實就像河流的肺部在定期舒張。也就是說，沒有洪水脈動，河流無法維持生命力，仰賴河流維生的水生與河岸生物也無法繼續生存。如果每年洪水沒有淹沒氾濫平原，那麼河流將只是地圖上的一條線，死氣沉沉，毫無生機。「洪水」是個嚇人的詞彙，帶有強烈人類中心色彩，因此我總是傾向於少用這個詞。儘管對人類來說，洪水確實是世界上最具破壞力的「自然」災害，但從長期水文視角來看，洪水只是河流在深呼吸，是河流必須要做的事。因此，人類在河流氾濫平原建立的聚落遭遇洪水，其實是因為智人侵入了河流的自然領土，這是一種「非法入侵」。

氾濫平原週期性地被洪水淹沒，構築了河流與河濱區所有物種的生命世界與存在條件。魚類仰賴洪水脈動的現象最明顯，也是人類研究最深入的案例。許多散布在氾濫平原的魚類，全年所需營養的八成，都是在短暫洪水脈動期間內攝取完成。魚類食用大量的無脊椎生物、腐爛的有機物質與微生物，然後增加體重，開始產卵。大量魚群，無論是淡水魚還是海水魚，全蜂擁而至大快朵頤。在這個時期，被淹沒的氾濫平原寬度可能達到原有河道的四十倍，提供遠超過河流原有的營養種類與數量，以利魚類攝取。量化研究也證實，洪水脈動影響了魚群數量。過去半個世紀，密西西比河流域的漁獲量減少了百分之八十三，但在一九九三年水災的隔年，漁獲量卻創下新紀錄。多瑙河的長期研究顯示，水災的規模愈大，隔年的漁獲量就愈多。這種商業魚類產量的量化研究，被稱為「洪水脈動優勢」，在熱帶與溫帶河流早已被證實。[1]

洪水脈動吸引的不只是魚類，更吸引了一整群生物與植物前來，如水鳥、河流溼地鳥類（如蒼鷺）、候鳥、麝鼠、狼、猛禽，還有因為食物減少而來此尋覓剛發芽的新鮮青草的草食動物——對牠們來說，洪水脈動宛如磁石。至於那些無法前往氾濫平原的生物，當水退回主河道時，會將氾濫平原上的營養也帶回河中，河流每年獲取的養分絕大部分來自於此。對於相對靜態的淡水貽貝與蛤蜊，以及因為體型太大而無法離開河道的鯰魚，水退帶來的大量微生物與腐爛有機質也能供養牠們。我們之前曾經提過，河流如果沒有來自支流的逕流、雨水以及退回主河道的洪水，河流本身將只是地圖上的一條線，無法養育任何生命。從這點來看，河流是由整個流域餵養的系統，週期性洪水最為關鍵。

「洪水脈動」一詞是一九八九年由沃夫岡．容克（Wolfgang Junk）與他的同事所創。[2] 就像洪水帶來大量泥沙，洪水脈動這個概念抹除了陸生生態系與水生生態系之間的界線，具備典範轉移的影響力。它界定而且檢視了「介於兩者之間的廣大地貌」，這個過渡地帶會週期淹水、週期乾旱，也會週期性潮溼。

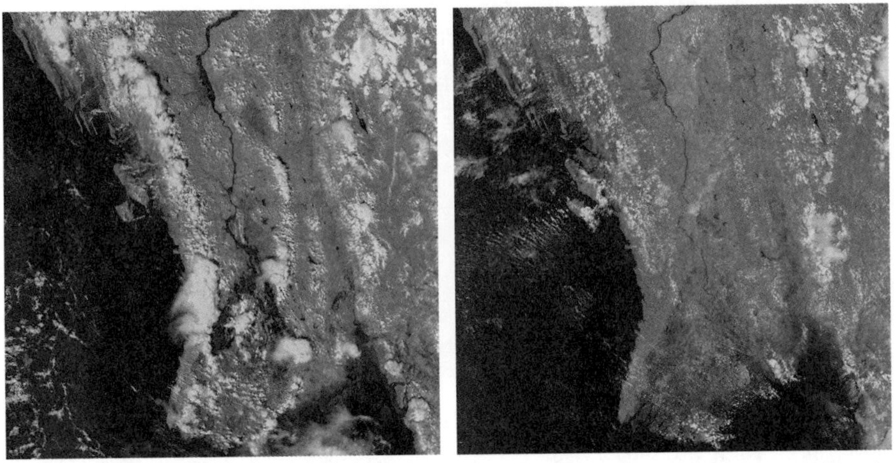

圖14　雨季時，伊洛瓦底江出現橫向移動的例證：（左圖）二〇〇七年五月二十八日，與（右圖）二〇〇七年九月二十六日

在這個過渡地區發現的植物、昆蟲、鳥類與哺乳動物，都已經適應當地的週期性與波動。在這個脈動區裡，存在各式各樣的樣態：有些地區一年到頭都泡在水裡，有些地區只有河流水位特別高的時候才會氾濫，至於介於兩者之間的地區，任何只要你想像得到的形態，都有可能發生。適應脈動區的生物群聚，會因為溫度、土壤結構與地形而有所不同。可以確定的是，如果無法掌握河流橫向移動，就不可能理解一條河流。靜態地圖上的那條線，再一次完全遺漏了河流生命的本質是富有生機的動態流動。只有使用一連串長時間且定期追蹤的空拍照片，才能捕捉到這種重要的橫向擴展。

對於專業生態學家來說，洪水脈動是擾動生態學的關鍵例證。洪水與大火這類擾動不均勻地分布在土地上，擾動會暫時清除該地的競爭者，讓新一批能適應新環境的植物與生物生存繁衍，這些新植物與生物生存的地塊如同拼圖般零星鑲嵌在原有的土地上。這些拼圖般的鑲嵌地塊歷經數次植物與生物交替，造就了地貌多樣性，如果沒有擾動，不可能出現多樣地景。因此，擾動促成了地貌多樣性，而地貌多樣性也讓生活在該區的生物能夠享有鄰近土地的資源、安全與營養。從這點來看，我們也可以說「大火脈動」亦是如此。關鍵差異在於，未實施水利工程的河流，洪水脈動較容易預測。意思是說，就跟生活在潮間帶的魚一樣，氾濫平原上的土地會因為洪水的上漲與消退，在不同季節呈現出多樣的環境：水位上漲時成為湖泊，水退時短暫成為春季的溼地。這有助於解釋為什麼一條水路及氾濫平原構成的完整生態系統，擁有淡水生態裡最豐富的生物多樣性。[3]

當洪水橫越地貌時，會創造出各種棲地：回水區、池塘、草沼、樹沼、流速緩慢的暖水域、躲避掠食者的地方，以及能讓種類繁多的河流生物維生的食物群聚與棲地。一切都攸關棲地與營養。整個機制能否順利運轉，取決於氾濫平原微生物有多豐富，微生物是河流食物鏈的最底層。圖15簡要描繪了洪水脈動的幾個階段。

有時候，尤其是非專業讀者，很容易誤解「擾動」（disturbance）的意思。

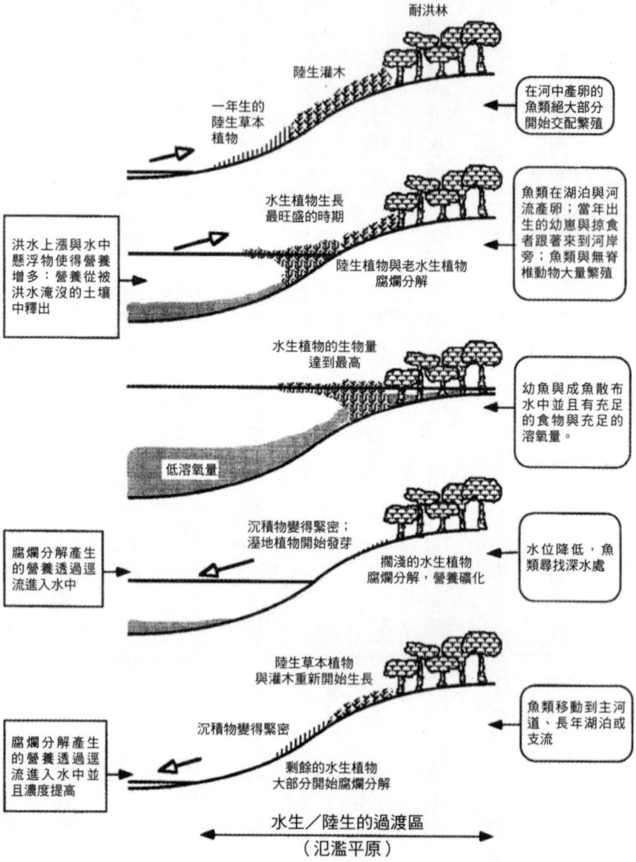
耐洪林
陸生灌木
一年生的
陸生草本
植物
在河中產卵的
魚類絕大部分
開始交配繁殖
水生植物生長
最旺盛的時期
洪水上漲與水中
懸浮物使得營養
增多：營養從被
洪水淹沒的土壤
中釋出
陸生植物與老水生植物
腐爛分解
魚類在湖泊與河
流產卵；當年出
生的幼崽與掠食
者跟著來到河岸
旁；魚類與無脊
椎動物大量繁殖
水生植物的生物量
達到最高
幼魚與成魚散布
水中並且有充足
的食物與充足的
溶氧量。
低溶氧量
沉積物變得緊密；
溼地植物開始發芽
腐爛分解產生
的營養透過逕
流進入水中
擱淺的水生植物
腐爛分解，營養礦化
水位降低，魚
類尋找深水處
陸生草本植物
與灌木重新開始生長
沉積物變得緊密
腐爛分解產生
的營養透過逕
流進入水中並
且濃度提高
魚類移動到主河
道、長年湖泊或
支流
剩餘的水生植物
大部分開始腐爛分解
水生／陸生的過渡區
（氾濫平原）

圖15　洪水脈動

擾動普遍被視為擾亂已經建立起來的平靜狀態，就像「妨礙安寧」，其中安寧是對正常秩序的一種法律描述。但對生態學家來說，每年一次的洪水與自然大火造成的擾動不僅正常，還有許多好處。擾動證實了河流週期性升高與淹沒整個氾濫平原的過程，其實屬於河流自然移動的一環。事實上，我們將會看到，人類建造堤岸、堤防或水壩來防範洪水，妨礙了河流的自然移動，反而才是大眾意味的「擾動」河流。

水在氾濫平原的地貌上移動，啟動了河流孵育生命的特質。水可以刺激草沼、沼澤植物、藻類與水生植物（例如蓮花）快速生長，當這些植物快速生長，便能餵飽更多草食動物與昆蟲（大部分是微小的甲殼動物、浮游動物與水生昆蟲），也能為剛產卵的魚類與剛孵化的小魚提供盛宴。[4] 洪水有時一年發生超過一次，水退之後，新鮮且富含營養的土壤露出表面，讓半水生或一年生陸生草本植物蔓延。這又提供了另一場新鮮盛宴，讓草食動物與鳥類呼朋引伴享用。此外，消退的洪水也把營養帶回給居住於主河道的居民。塞斯・賴斯（Seth

Reice）總結說：「洪水因此提升了陸地與水域的生產力。周而復始的洪水是每一條河生命的基礎。」[5]這解釋了為什麼早在智人干預之前，相較於純陸地環境，河流與氾濫平原能夠形成生命與移動的綠色走廊。

河流與氾濫平原系統的生物多樣性與生產力，關鍵在於生態學家所說的連結性。簡單地說，生物多樣性與生產力的高低，取決於整個地面被洪水淹沒的程度。用比較專業的方式解釋，地表連結性指洪水期氾濫平原與次要河道，從主河道直接承受的水流量。[6]連結性的重要特徵包括淹沒的地表面積、淹沒的持續時間與洪水深度。連結性愈高，洪水內微生物（特別是細菌）生產力愈強，當微生物愈多，便意味著整個水域食物鏈的食物愈好取得。我們可以將不同河流，依照河流與氾濫平原的連結程度，排列在一個連續光譜上。在光譜的一端，是完全被堤岸與堤防圍堵在主河道裡的河流。這樣的河流雖然仍會流動，但僅局限於主河道內。這樣的河流流速很容易加速，細菌生產力因此變得很差，連帶水中的生物體也很少。在光譜另一端，是蜿蜒的河流與廣大的氾濫平原，氾氾濫平原週期性地被淹沒而且排水速度很慢，常駐其中的細菌，能獲得更多營養。[7]

洪水脈動是生命移動的節拍器

當我們思考河流的移動時，總是會第一個想到垂直移動，也就是河水往下游流動，然後流入大海。然而，真正能明顯深刻影響所有河流與河岸生命形式的，其實是河流的橫向移動。從這個意義來看，洪水脈動乃是河流地區生命群聚的節拍器，調節了所有物種遷徙的節奏，使它們能配合洪水的韻律，獲得維生物質。我們這裡所說的移動，既不位於永久水域，也不位於全年乾燥的陸域，而是發生於兩者之間、乾燥與潮溼反覆輪替的「過渡帶」。每一條河流的水文不一樣，洪水脈動的強度、時點與持續時間也不一樣。洪水脈動的變化愈大，洪水所支持的棲地多樣性就愈豐富，氾濫平原上的物種適應力就愈強。[8]

在氾濫平原生長的植物，與在高地地區生長的植物完全不同。在北美溫帶地區，很容易在溪邊看到某些樹木（例如柳樹與山毛櫸）的蹤影，因為它們喜歡在潮溼、每年被洪水淹沒一次的土壤生長。糖楓與銀楓還有綠梣，也能適應週期性洪水。絕大多數的橡樹，除了紅橡之外，比較無法耐受洪水。莎草、蘆葦與沼澤草本植物都需要一定程度的洪水才能長期繁衍，因為這些植物非常需要洪水脈動帶來的大量營養。雖然短期來看植物似乎固定不動，但從長期追蹤的植物照片可以發現，植物會隨著洪水脈動的節律而移動。水生植物的種子與根系統在洪水來臨時開始萌芽與生長，然後逐漸布滿整個氾濫平原，直到洪水脈動消退才死亡腐爛。仰賴氾濫平原肥沃淤泥的草本植物，則會在水退時發芽，成為草食動物的食物，當青草開始生長，放牧者也會趁機驅趕牲畜前來食用。

在所有河流生物中，魚類最常被研究。不僅是科學家，連一般人也會注意魚類的移動，因為魚類是河岸居民的主要飲食來源，也是最重要的商業「作物」。首先要注意的是，淡水魚就像軟體動物、螃蟹、青蛙一樣，絕大多數局限在生活的流域裡。不同於鮭魚、鰻魚這些海水魚，也不同於絕大多數鳥類與哺乳動物，淡水魚很少有機會移動到其他流域。[9]因此，許多流域的特有種比例很高，這些物種往往只存在於其中一個流域，在其他地方完全找不到。

許多在獨特流域中演化的物種，由於長時間生活在該流域，已適應當地獨特的風土特質。舉例來說，在亞馬遜流域，某些魚類已經演化成以食用河岸水果維生，這些果實只有在洪水期水位升高時才吃得到。一些亞馬遜掠食性魚類已經適應極度混濁的河水，會藉由電脈衝來鎖定獵物的位置；還有一些魚類生活在缺氧的環境中，牠們已經演化出在水面呼吸的能力。[10]

河裡的魚類，為了適應河流的移動與河流獨特的節律，也會產生獨特的移動方式，牠們不僅會在主河道內移動，在豐水期也會到氾濫平原覓食。魚類遷徙通常是為了尋求食物、產卵地點與安全環境。有些魚類遷徙的距離達到數千公里，足以與洲際候鳥如著名的斑尾鷸相提並論。魚類的遷徙，無論距離是長是短，通常受到環境信號影響，例如河流的水文狀況。這類信號可能包括水溫、河水流速、水量、河水的混濁度、當地食物的稀少程度或者是出現威脅生存的掠食者。有些遷徙則是基於魚類的生命週期，特別是遷徙到傳統的產卵地點。

因此，洪水脈動雖然不是造成魚類遷徙的唯一原因，但對絕大多數河流生物而言，卻是迄今為止最重要的原因。純從營養角度來看，生活在季節性氾濫棲地附近的鮭魚幼魚，成長率遠比生活範圍局限在河道、長年湖泊或池塘裡的鮭魚幼魚來得高。[11] 與完全屬於陸地或完全屬於水域的棲地相比，曾經被短暫淹沒的棲地擁有更豐富的生命，展現了洪水脈動帶來的豐沛生命。

河流觸發的移動就像一個巨大的生態律動，精心編排，精確無誤。正如魚類依循氾濫平原的洪水脈動與大量食物出現來遷徙，水禽與其他鳥類也在魚類數量變多與昆蟲開始孵化的時節來到氾濫平原。數據顯示，密西西比河的沖積平原在每年十二月到隔年一月會出現短暫的冬季洪水，食物因此大增，綠頭鴨也快速成長。[12] 綠頭鴨生活在覆蓋一層淺水的紅橡樹林裡，搜尋食物的時間快了八倍，攝取的動物物質（大部分是魚類）達到平日攝取量的十四倍。牠們快速增胖，每日攝取的食物量比維持生命所需的食物量多了約百分之四。讀者不難想像洪水脈動遷徙的連鎖反應：猛禽到此捕食魚類與其他鳥類，河流地區的哺乳動物，如水獺、狐狸與狼，也來這裡獵捕小型鳥類與擱淺的魚類。北美灰熊站在河中間捕捉遷徙鮭魚的經典畫面，證實北美灰熊的捕獵完全與鮭魚遷徙的時間同步，這些鮭魚幾乎占了牠們年均食物來源的三分之二。實際上，所有的河流生物，包括智人在內，都加入了這場一年一度的接連移動，特別是跟隨著食物的腳步遷徙。因此，當某些鳥類抵達時，湄公河沿岸居民便開始認真準備捕魚，因為這些鳥類可以精準預測那些即將裝滿魚網的魚類什麼時候到來。[13]

物種之間的互助移動

河流生物的同步移動提醒了我們，不能孤立看待單一物種的移動。河流兩旁的生物不約而同地開始移動，最能理解這種現象的方式，就是把它們當成是一種「群聚效應」（assemblage effect），而河流，包括河流的路徑、溫度、攜帶的營養與水量，便是推動整體效應的關鍵。通常，物種間的關係時常被簡化成掠食者與被掠食者，然而兩者的關係實際上更為複雜。

美國東南部的淡水貽貝足以說明這種複雜程度。雖然個別貽貝的壽命可以跟人一樣長，但貽貝卻「卡在溪床的泥沙裡」（實際上應該是沙子或砂礫），僅能用強壯的單足移動很短的距離。問題來了，貽貝如何能散布在流域各地並且繁衍眾多。答案是，物種間出現了某種合作關係，牠們採取了令人吃驚且複雜的方式協助彼此在整個流域繁殖與移動。[14]

雄性貽貝在上游射精，讓位於下游的雌性貽貝受精（兩者最遠可以達到十英里）。受精的雌性貽貝產卵後會將其養育到幼蟲階段，這中間大概需要幾個月。貽貝幼蟲又稱「glochidia」，數量成千上萬，牠們寄生在母貽貝的鰓上，可以從母貽貝兩個殼之間的狹小空間看到牠們的身影。在某些物種眼中，這個小開口像極了深色的小米諾魚，上面還有一個白色眼孔。貽貝正是仰賴這種演化後的擬態，吸引魚類前來調查這是不是可吃的食物。當魚一碰到母貽貝的開口，母貽貝的鰓就會噴射出大量的貽貝幼蟲，這些貽貝幼蟲就會寄生在前來調查的魚的鰓裡。這些幼蟲牢牢攀附在宿主身上大概十天，此時還存活的幼蟲已經成為能獨立存活的幼貝。這些幼貝會從魚身上脫落，然後將自己埋進溪床裡。在這趟旅程中，宿主移動到哪裡，這些幼貝就散布到哪裡。

還有一些貽貝會做出更令人吃驚的擬態。*Hamiota* 屬的貽貝會分泌數股黏液，在水中可達三公尺長，黏液的尾端呈囊包狀，裡面充滿了貽貝幼蟲。貽貝分泌的黏液看起來很類似魚類宿主嗜吃的食物。當魚類攻擊囊包時，裡面的幼蟲會噴射出來，附著在毫無戒心的魚類的鰓上。這些幼蟲在宿主的鰓裡長成能獨立存活的幼貝之後，就會從宿主身上脫落，散布在陌生的流域。這種極致的生物模仿技巧，令科學家驚嘆。艾比．加斯喬．蘭迪斯（Abbie Gascho Landis）驚訝地寫道：「這些看不見東西、無法思考的無脊椎動物在湍急的河水中捕捉精子，跳動著自古傳下來的舞步，引誘牠想要的魚類前來，然後將幼蟲射進魚的鰓裡，讓牠把幼蟲運送到新的地點。」[15]

淡水貽貝引人入勝的表現，展現了一個更基礎與重大的事實：單一物種的存續與移動，幾乎完全仰賴周遭的生物群聚。

早期人類是河流生物

只要談到我們這個物種與河流的關係，都必須從一項事實開始說起，那就是我們在地球上存在的時間中，有高達百分之九十五都投入於狩獵與採集的小型遊群生活。狩獵與採集生活的特徵之一，就是每年會出現一小段食物極其豐富的時期，人類必須努力把握這段短暫時間，拚命取得大量食物。人類要仔細計算許多狩獵活動，才能在獵物進行週期性遷徙時攔截，包括瞪羚、豬、鹿、馴鹿或野牛。這些動物之所以會遷徙，主要是為了追尋豐富的食物來源，例如新鮮的牧草，或樹木與灌木在特定年分大量結果。以鳥類為例，獵人會在鳥類遷徙的飛行路徑上攔截，因為這些鳥類通常會在途中休息，比較容易捕獲，或者是尋找這些鳥類的築巢地點，如此不僅能獵捕鳥類又能取得鳥蛋。而鳥類一般都會選擇安全的築巢地點與可以取得大量食物的地方。最為人所知的遷徙或許是大批魚類的週期移動，如鮭魚、鱒魚與鯡魚從淡水棲地回到牠們當初孵化的河流，並且在那裡產卵（溯河洄游魚類），其他物種中最著名的是鰻魚，則是往反方向游，牠們離開淡水棲地到海裡產卵（降河洄游魚類）。人類在狩獵與採集時經常成為其他掠食者的競爭者，例如與北美灰熊爭搶鮭魚，與其他哺乳動物及鳥類爭搶蕈類和松子。

這些模式至少有兩個理由值得重視。首先，這些模式不是隨機的。狩獵採集者並非每天外出，外出時也並非滿心期盼能偶然碰到珍貴的獵物，或很幸運能看到地上長了蕈類。狩獵採集者外出攔截是因為他們預期遷徙的魚類、鳥類或獵物即將出現，而他們前往森林某個角落，是因為他們知道每當季節來臨，那裡就會有一堆可食蕈類。狩獵採集群體猶如集體百科全書，知道哪個季節在哪裡會出現大量而珍貴的營養來源。要做到這點，他們必須跟上眾多自然韻律，才能知道每一種動物移動的路徑與每一種植物結出果實的時間。附帶一提，正是因為狩獵與採集者策略性的攔截動物遷徙與植物結果，才會讓農業／農民認為狩獵者與採集者是一群不努力、懶惰而且原始的人。事實上，狩獵採集者只要花兩個星期設置陷阱，便能捕捉數千條大量遷徙的鰻魚或攔截每年遷徙的瞪羚，一旦成功，就能補足一年所需的大部分蛋白質。與農民不同，農民的工作韻律總是日復一日持續不斷，狩獵採集者則是算準時間進行密集而大規模的捕獵活動來保存食物，並因此換來更多休息與閒暇時間。16

第二個理由是，同步與協調的物種移動，絕大多數發生在生命力強盛與營養豐沛的綠色走廊，也就是河流及其鄰近的氾濫平原。就這點來說，早期智人與氾濫平原上的植物、魚類、鳥類與哺乳動物一樣，都是能夠適應洪水的生物。與其他生命相同，人類也傾向群居於此，因為這裡營養密度最高。北美洲西北太平洋地區就是個明顯例子，這裡有鮭魚奔游，海洋哺乳動物與大型獵物的數量無比豐富。這個地區可能是全世界非農業地區（狩獵採集地區）人口密度最高的地方。此地自然資源豐富的程度，催生了其他地區罕有的高度物質文明，更不用說這裡盛行炫耀性消費，並且以炫富宴作為政治策略。[17] 西北太平洋部族位於此地金字塔頂端，金字塔底層有著世上少見的豐富有機營養，供養了大量的脊椎動物，包括魚類、鳥類與哺乳動物，而這些動物成為食物鏈中頂端掠食者的重要飲食。

定居文化與河流

隨著永久定居並發展定耕農業成為主流，人類首次開始嘗試改變河流而非適應河流。最終，人類確實衝擊了河流的流動地貌，而且往往帶來意料之外的災難性後果。我把這段漫長的時代稱為「薄人類世」(thin Anthropocene)。我用薄來形容，主要有兩個原因：首先，當時地球上的人類十分稀少；其次，人類幾乎沒有工具來重新塑造地貌。這種區別可以劃分出「厚人類世」之前人類對環境衝擊較小的漫長時期，等到進入工業革命開啟的「厚人類世」，人類就開始利用手中的機器與科技大規模地改造地貌。

歷史紀錄最早出現的城邦幾乎都位於氾濫（沖積）平原。氾濫平原雖然出現了一定規模的定居聚落與穀物種植，但這些聚落與農業在絕大多數狀況下不一定會整合成城邦。要建立城邦，集中的穀物種植人口是不可或缺的基礎。[18] 唯有肥沃、每年都會更新的沖積土壤，才能提供集中的人力與可徵稅、可儲存的糧食，因為古代世界的運輸有限。然而，即使擁有這些人力與糧食，也僅僅能成立稍具雛形的小國。至於這些國家有多小，也值得一提。以美索不達米亞典型的早期城邦來說，臣民不到二萬人，步行頂多一天就可跨越全境。

過去認為城邦仰賴國家動員工人修建灌溉工程，以此奠定國家形成的基礎，最具代表性的支持者是魏復古（Karl Wittfogel），他的《東方專制主義》

（*Oriental Despotism*）便是擁護這個論點。然而，今日這個論點在各方面幾乎都無法自圓其說。最常見的早期農業形式稱為「洪水退卻農業」（flood recession agriculture，法文：cultivation décrue）。今日世界各地依然採取這種農業，因為無論種植哪種作物，這種農業都最省力。[19] 洪水幾乎一肩扛起所有的工作，先是淹沒所有與作物競爭的植被，如果一切順利的話，便得以在地上成功鋪上一層由淤泥構成的營養層，最後留下一片已經耙過的田野以利播種。當然，這些肥沃的淤泥都是上游土壤被侵蝕後轉移到下游的結果。耕作者要做的，就只剩趕緊播種或插秧，讓作物搶得先機。在尼羅河、幼發拉底河與黃河的人類便是栽種這類已經適應洪水的物種，就像隨著洪水脈動而來的鳥類與哺乳動物一樣，享用脈動帶來的盛宴。

緬甸伊洛瓦底江的廣大氾濫平原是早期聚落與河流關係的一項例證。

伊洛瓦底江盆地最早的農耕民族是五世紀左右的驃人（Pyu people），他們定居在伊洛瓦底江兩旁的支流谷地，這些地方的洪水脈動較為溫和，不易釀成災禍，且依然可以獲得水源跟營養。[20]他們採取容易實施的灌溉形式，興建小型水堰把豐水期的河水引流到農田與池塘。我們也許可以把這種工程想成是因地制宜的洪水脈動。驃人的農業帶有自發的地區性質，他們的工程早在小型國家建立前就已出現，而且在小型國家滅亡後依然持續存在。接續驃人的緬人（Burmans）也是如此。緬人的農業生產核心地帶也位於乾燥區。乾燥區位於阿拉干山脈（Arakan Mountains, Arakan Yoma）的雨影區，但乾燥區外的季風雨卻供給了乾燥區內的許多常流河與兩旁氾濫平原。一般而言，緬人要做的就只是在常流河豐水期處的天然堤岸打開一個小缺口，讓河水能充分澆灌稻田。為作物帶來最多養分的其實是河水。在開始下季風雨之前，用來灌溉主要稻作的小水堰與水渠會在六月時，先用來灌溉小苗圃，等到七月底或八月初秧苗移植到田地之後，再將水轉移到田地灌溉。這種做法對河流地區的地貌影響甚微，而且也容易管理集體勞動。[21]人類對地貌的塑造，雖然規模很小，但確實已經開始。此時人類影響地貌的效果仍不顯著，甚至不如其他哺乳動物，例如河狸。

在這個階段，人類主要仍是適應河流的移動，還沒妄想要成為河流的主人。

早期的定居社群是「河流生物」，不只是因為他們仰賴含泥沙的水來滋養農田，也因為仰賴偶爾可航行的河流。他們是低窪氾濫平原的居民，在經濟上無法自給自足。雖然他們的棲地擁有肥沃的土壤與溼地，但他們仍需要其他地區的物品，特別是高地地區，他們只能仰賴貿易才能取得高地物品。低地農業社群與他們的互補貿易夥伴之間通常會以山麓線作為地理疆界，山麓線有時也稱為piedmont（法文pied du mont的訛傳，也就是山麓的意思）。山麓線標誌著過渡到高地生態的開始，而且表示從這條線起，往上游航行將變得很困難或無法航行。位於山麓線的定居社群往往成為重要的貿易與轉運點，到了晚近但尚未出現蒸汽動力的時代，這裡也成為早期水力麵粉與紡織工廠的中心。在古代，這些地點具有軍事與經濟的重要戰略地位。控制這些咽喉點，就能控制通往上游與下游的交通。經典的馬來河岸聚落就是依照上游／下游（hulu / hilir）的模式配置，而權力核心通常坐落在易於統治山麓線之處。凱爾特人在羅馬帝

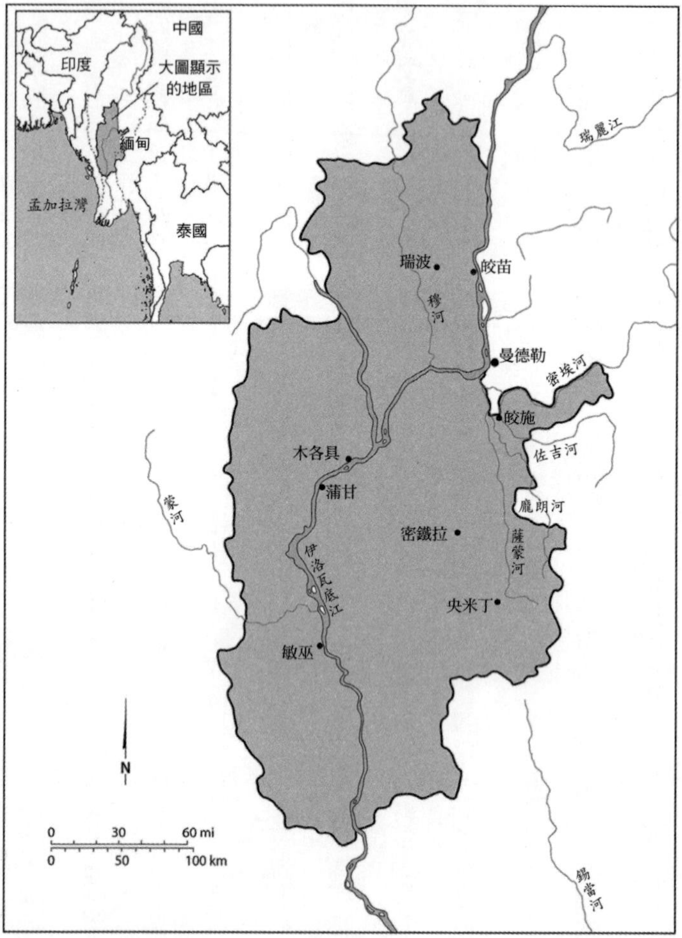
中國
印度
大圖顯示
的地區
緬甸
孟加拉灣
泰國
瑞麗江
瑞波
皎苗
穆河
曼德勒
密埃河
皎施
佐吉河
木各具
蒲甘
蒙河
龐朗河
密鐵拉
薩蒙河
伊洛瓦底江
央米丁
敏巫
N
0
30
60 mi
0
50
100 km
錫當河

圖16　緬甸的乾燥區

國邊境建立的貿易要塞城鎮通常也坐落在山麓線上，或者是能夠控扼一條或多條河流的咽喉點。[22]

對於氾濫平原的早期定居社群來說，能航行的水路極為重要，這關乎距離摩擦，畢竟在河流上移動遠比在陸地上移動來得有效率。一個明顯的例證是，直到一八〇〇年為止（在汽船與鐵路出現之前），從英格蘭南安普敦（Southampton）搭船到好望角花的時間，跟從倫敦搭驛馬車前往愛丁堡花的時間是相同的！更別提船隻可以運送的貨物遠多於驛馬車。[23]在前工業時代的歐洲，水運的成本估計只有陸運成本的二十分之一。儘管羅馬帝國道路是出了名的便捷，但戴克里先（Diocletian）的價格詔書（Price Edict）卻提到，一整車的小麥每行駛八十公里，價格就增加一倍。據估計，在十六世紀，陸路運煤每經過一英里，價值就會減少百分之十，根本就不可能長距離運煤。穀物的每單位體積或每單位容量的價值較高，因此穀物運輸最長可以達到二百五十英里，超過就完全不划算。特別高價的貨物，如黃金、白銀、絲綢與黑曜石，可以進行長距離的陸路貿易（絲路），但低地社群最重要的大宗貨物貿易，只有仰賴水運才有利可圖。

只要能夠航行，河流與水路就不僅帶來物品交換，還代表了更廣的交流連結，形塑了彼此接觸、交流與文化影響的地區，儘管這些地方政治上對立，但經過一段時間之後，仍然會培養出文化的同質性。費爾南・布勞岱爾（Fernand Braudel）的《地中海世界》（*The Mediterranean World*）中，便深度剖析這個過程。布勞岱爾指出，具有航運之利的地中海在商業與文化漫長而緊密的連結下，如何逐漸形成一個在飲食、都市結構與政治形式上相互影響的世界。同樣的狀況也發生在東南亞的巽他陸棚（Sunda Shelf），真的要說的話，這裡的貿易與遷徙甚至比地中海更為容易。上述的整合使得濱海與河流聚落交流密切，河流聚落與周遭丘陵地區則差異更大。從接觸與熟悉程度來看，相隔三百英里但可靠水路聯繫的兩個民族，遠比只相隔三十英里但隔著崇山峻嶺、只能靠著隘口聯繫的兩個民族來得親近而融洽。

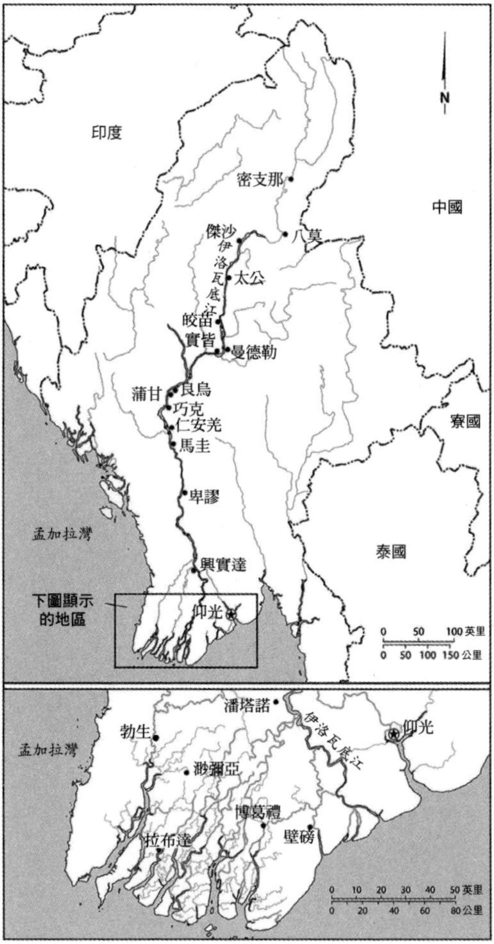
N
印度
密支那
中國
傑沙
八莫
伊洛瓦底江
太公
皎苗
實皆
曼德勒
蒲甘
良烏
巧克
仁安羌
馬圭
寮國
卑謬
孟加拉灣
泰國
興實達
下圖顯示的地區
仰光
0 50 100 英里
0 50 100 150 公里
潘塔諾
勃生
孟加拉灣
伊洛瓦底江
仰光
渺彌亞
博葛禮
拉布達
壁磅
0 10 20 30 40 50 英里
0 20 40 60 80 公里

圖17　伊洛瓦底江

緬甸的伊洛瓦底江彰顯了這種水路整合效果。第一個千年，緬人從中國西藏邊境地區來到緬甸軍事殖民，伊洛瓦底江及其氾濫平原逐漸成為緬人文化的核心地區與主要通道。伊洛瓦底江可以航行的河段，從上游的哨站八莫開始，到興實達（Hinthada）的北部，也就是三角洲的頂端為止，全長共一千七百公里，伊洛瓦底江的文化效應，便是仰賴河流深具航運之利。順著這條漫長的河段航行，可以看到大多數種稻的緬人說著相同的語言，同樣信奉上座部佛教，遵守共同的季節儀式、神話、舞蹈傳統、婚禮與葬禮。直到二十世紀為止，緬甸境內的旅行幾乎完全局限於伊洛瓦底江沿岸。在英國殖民時期，伊洛瓦底江支撐起據說是當時世界上規模最大的河船船隊，伊洛瓦底船隊公司（Irrawaddy Flotilla Company）在一九二〇年的巔峰時期，擁有六百艘貨船與客船，經營著上下游航路。然而早在殖民時代與蒸汽動力來臨之前，伊洛瓦底江已是文化、交通與貿易的動脈。

遠古時期，居住在河邊的智人已經在伊洛瓦底江建立共生關係，伊洛瓦底船隊公司只是透過工業力量將這種既有的共生關係擴大。雖然人類與河流的共生關係，與其他哺乳動物、魚類、軟體動物與鳥類和河流建立的共生關係不盡相同，但兩者在本質上確實高度相似。對人類來說，伊洛瓦底江是一條走廊、一條飛行廊道與一個棲地，就跟對魚類與鳥類一樣。此外，與鳥類、魚類、河流地區哺乳動物一樣，人類也在這個地區進行異族交配，不僅是基因上通婚融合，更使文化、社會與語言多元交織。緬族的凝聚，很大一部分是伊洛瓦底江的產物。伊洛瓦底江提供的不只是天然的食物資源，還有摩擦力相對較少的通行能力，讓居於此處的群體可以自由往來、互通有無。正如魚類依循河道洄游、水鳥沿著河水遷徙，人類也在河道與兩旁的氾濫平原發展出一條條通道，推動社會融合。河流依循流動節奏或季節而變化，整個生態圈也隨之改變適應模式。

當貨物本身能漂浮時，就沒有使用貨船的必要。其中最重要、且至今仍是關鍵的漂流貨物，就是木材，特別是竹子與原木。絕大多數的竹子都產自伊洛瓦底江的支流瑞麗江（Shweli）沿岸，用藤蔓綑綁成巨大的竹筏後，讓竹筏緩慢順流而下，直到抵達像曼德勒這類港口才拆卸竹筏，賣掉竹子。柚木是最珍貴的木材，但不容易浮在水面，因此要不是將它綁在竹筏下方，就是用大型平底駁船載運，使用平底駁船與竹筏的理由，都是為了規避海關人員的檢查，避免柚木沉入水中。[24]

更令人印象深刻的是巨大陶罐「阿里巴巴甕」的運送模式，這些甕多半是由鄰近黏土產地的皎苗（Kyaukmyaung）燒製而成。這些陶罐會被綑綁在一起，形成一個臨時筏子，然後數千個陶罐就這樣順流而下。這些陶罐本身可以提供浮力，因為罐口朝上且略往船尾（上游）傾斜，這樣即使河流起伏較大，也不至於吃水太多。在前現代時期，如果不藉由河流，這些巨大且相對易碎的陶罐幾乎不可能運送到遙遠的市場。即便使用數百輛速度緩慢的牛車，用大量的稻草把陶罐包起來以避免碰撞，還是免不了會有許多陶罐會裂開，更不用說還要考慮牛與駕車者的費用。用筏子運送還有一個優點，那就是旅程結束時，不需要處理筏子，也不需要把筏子運回上游的皎苗。[25]

圖18　人們把陶罐綁起來形成一個筏子

圖19　用陶罐綁起來形成的筏子

山麓線往往代表著兩個生態區的界線，因此每個生態區的居民必然可以藉由取得對方的產品而獲益。這種交換可以是掠奪，也可以是貿易，而貿易顯然較為穩健可靠。人們可以藉由水路（河流、近海、遠洋）或陸路進行貿易，但從竹子與陶罐的例子可以明顯看出，水路貿易的效率極高，各種商品都可以使用搭成筏子的方法運送。

運送的邏輯其實簡單明瞭。每單位體積與容量價值最高的物品，即便經過長距離運送，仍負擔得起工人與時間的成本。因此，在前現代世界，精煉的金銀、黑曜石、寶石、香料、稀有藥材與稀有香木，都可以用陸路進行長距離運送。在東南亞大陸的高地產品，例如沉香、犀牛角、蠟燭木、燕窩、蜜蠟、蜂蜜、珍奇鳥羽、珍奇樹脂（如桐油）、茶、菸草與鴉片，對低地區來說都非常珍貴，因此都可以用陸路運送。至於是否值得，還要考慮地形的崎嶇程度、遭搶奪的風險與是否能雇到馱獸或挑夫。儘管牛車的載重量較大，但需要有基礎設施搭配，包括充足的糧秣與可靠的牛車道路。[26]

牲畜的貿易邏輯則有所不同，因為有些牲畜可以自行（或在驅趕下）在陸上行走。同樣的邏輯也能延伸到俘虜與奴隸身上。事實上，東南亞普遍施行奴隸制度，這些人類「牲畜」通常在高地被捕獲，是最重要的貿易商品。運送人類「牲畜」的旅程一般來說是從山上沿著水路沿岸而下，最後抵達河谷地區。奴隸貿易的路徑如同水流從高處往低處移動，再次證明了河流如何形塑人與商品的移動。

第三章　農業與河流：一段漫長的歷史

人類在每個地方興風作浪，無論他走到哪裡，自然的和聲便轉變成不和諧音。

——喬治．伯金斯．馬許

直到一萬年前，以狩獵採集維生的人類依然在世界各地持續探險，河流是旅行的通道、營養的來源，對他們的重要性完全不亞於日後不約而同在氾濫平原上建立的早期文明。這些狩獵採集者雖然住在河邊，但他們對河流生態的衝擊卻微乎其微。他們充分享用河流地貌豐富的自然資源，但絕大多數時間，他們都在「適應」河流的遷移與脈動，而非改變地貌。他們的數量相對稀少，手上唯一強大的工具就是火。他們用火來重塑河岸植被，促進自己喜歡的植物、莓果與堅果成長，最重要的是，他們用火創造出能吸引獵物前來覓食的地貌。狩獵採集者攝取的動物性蛋白質來源，除了從可預測的遷徙路徑上攔截獵物，就是用火創造出能吸引獵物前來的地貌而後伺機獵捕。這種用火方式可以創造出一片開敞的土地，讓新的植物接替生長。這麼做增加了河流地區生態的多樣性，但不影響河流的「自然」移動。

定居生活與定耕農業，以及伴隨而來的人口成長，為人類與河流的關係帶來劃時代的變化，也開啟了我所說的薄人類世時期。薄人類世大約從西元前八〇〇〇年開始，承接其後的厚人類世則是大約從一七〇〇年開始。厚人類世的特徵是人口大量成長，從一八〇〇年左右起，強大新工具的發明改造了環境，且這些工具與工業革命息息相關。

如果我們想知道人類對河流地貌與整個流域做了什麼，那麼我們的重點就必須放在薄人類世上。雖然與工業革命大規模改造地貌相比，薄人類世轉變的步調較慢，留下的痕跡也較不清楚，但我們唯有觀察薄人類世，才能看出人類在初始階段對自然的影響。事實上，人類在薄人類世看似影響甚微，但長久累積的結果卻造成巨大衝擊。在相對短暫的一萬年間，從事農業的智人不經意地大幅改變無數河流的生態環境，改造程度大到足以讓狩獵採集祖先將近二十萬年來的成就相形見絀。[1] 仔細觀察智人的干預與意圖，可以看出他們渴望讓河流變得單純順從，這個渴望到了厚人類世發展得更激烈。

定居與定耕農業需要去除一些會與農作爭搶陽光、水與土壤營養的植物。因此，農業除了要砍伐森林開闢耕地，作物成熟時還要移除較小但數量較多的雜草。之後，隨著農業擴展，就必須縮減森林。由於早期的定居農業許多都位於氾濫平原，因此適應氾濫平原的森林就成為最早被砍伐的對象。

如果砍伐森林只是為了清理出地面來耕種，那麼砍伐的範圍按理只會局限在播種地區。然而，農業社會對木材的渴望極大，而且難以饜足。首先，最明顯地，木材可以用來建造永久房屋（壁爐或家宅），也可以建造穀倉與柵欄，用來圈圍與保護家畜與作物。事實上，所有定居生活都有一項容易識別的特徵，那就是能庇護已馴化的植物與動物，這些植物與動物唯有在人類保護與捍衛下才能生存。防衛工作極度仰賴木材，烹飪與取暖所需的燃料也要用到木材。當然，狩獵者與採集者也要用火烹飪與取暖，但定居社群特殊的地方在於，他們需要的薪柴必須從聚落內部或在周圍收集。隨著聚落附近的薪柴被消耗殆盡，要從愈來愈遠的地方將薪柴拉回聚落的時間與勞力成本也愈來愈高，在前現代的條件下，如果不想遷村，那麼就只剩下兩種特殊解決方式。一個是在砍伐木材的地方，就地生火將木材燒製成木炭。雖然這麼做會浪費更多木材，但每單位重量與體積的木炭卻能提供比原始木材更高的熱值，因此可以在符合經濟考量下運送更遠。第二個解決方式是大幅降低原始木材的運送成本，也就是讓漂浮的原木從流域上游流到下游的聚落。之後我們也會討論這兩種解決方式造成的結果。

氾濫平原聚落不斷成長擴大，同時也創造出一系列新科技，這些新科技又進一步擴大人類對薪柴的需求。舉例來說，陶器與定居生活及穀物密不可分。

各式各樣的陶器可以用來儲存穀物與水、烹飪與發酵，最耐用的陶器需要用窯燒製而成，由於需要高溫，所以要使用大量的薪柴或木炭。同樣需要燒製的還有磚塊，磚塊可以用來建造堅固的貴族住家與儀式建築，更不用說可以用來建造高牆，保護大型聚落不受掠奪與攻擊。有些圍牆是用日曬的泥磚砌成，但絕大多數仍需要使用窯燒磚塊。[2] 青銅時代與鐵器時代幾乎可以說是由礦石的冶煉定義的，因此同樣需要大量的薪柴與木炭。農業的擴張少不了金屬工具，如此才能製造出犁頭、耐用的牛車零件、脫粒刀與長柄大鐮刀。隨著定居社群逐步擴大，演變成擁有等級制度、君主與軍隊的城邦，對薪柴的需求也同步大幅擴張，且大部分用來製造早期的軍事硬體：盔甲、刀劍、槍矛與箭頭。

所有這些薪柴密集的科技，在紀年之前便發明齊備，隨著定居人口增加，這些科技也持續砍伐古老森林。一旦前現代的人口中心耗盡了距離核心聚落最近的木材供給，人類便開始往更上游的地帶砍伐，他們砍掉河邊的樹木，利用木材的浮力讓原木順流而下，流到自己的聚落。為了將所需勞動力降到最低，樹木的砍伐必須離河流愈近愈好。當鄰近的上游河岸被砍伐殆盡，就必須砍伐更遠的上游或可以更容易運到河邊的小樹。在洪水脈動明顯且氾濫平原坡度平緩的地區，可以利用枯水期將樹砍倒，等到水位上升讓這些原木漂浮起來時，再將這些原木運往下游。

古典世界有非常多關於森林砍伐的證據，從雅典人為了建立海軍而想取得馬其頓的木材，到羅馬共和國的木材短缺，都是明顯的事例。[3] 在更早的西元前六三〇〇年左右，新石器時代城鎮安加札勒（Ain Ghazal）在步行距離內已經看不到任何樹木，薪柴也變得非常稀少。結果，安加札勒的居民開始從城市分散出去，形成散布在各地的小村莊。同樣的狀況也發生在約旦河谷（Jordan Valley），這裡有許多新石器時代社群，人口數已讓當地森林無法承載。[4]《吉爾伽美什史詩》（*The Epic of Gilgamesh*）用一則美麗的故事簡要描述最初農業國家的建立，如何影響流域森林遭到砍伐。史詩的主角吉爾伽美什殺死了守護廣大森林的巨人，他用森林木材製成木筏，再搭乘木筏返回故土，並且在故土上建立了一座城市，木筏的木材則成了新王國的中央城門。

世界上沒有任何地方像中國黃河一樣，因主要流域的森林被砍伐而造成龐大災難，並被詳細記錄下來。這條河流的名字顯然源自於它所含有的沉積物顏色。與亞馬遜河、布拉馬普特拉（Brahmaputra-Ganges，即恆河）及伊洛瓦底江並列，黃河是世界上泥沙淤積最嚴重的河流。

在歷史上，黃河含有的沉積物不斷增加，原因便是流域植被遭到破壞。游牧民族因為統治者軍事擴張而被驅趕，他們為了農業開墾而著手清理土地、砍伐森林，直接導致流域植被消失。黃河攜帶的沉積物主要來自河套地區與黃土高原。黃土的質地均一、類似淤泥、富含礦物質而且容易耕種。簡言之，黃土是前現代農業的理想土壤。然而黃土也很容易遭到侵蝕，特別是位於陡坡上的黃土，一旦暴露在日曬雨淋下，很容易因侵蝕而崩落。

地貌變遷研究使我們能夠追溯黃河沉積物量在歷史上的波動與變化。之前曾經提過，河流水利工程的出現是過去二百五十年來的事，然而在此之前，薄

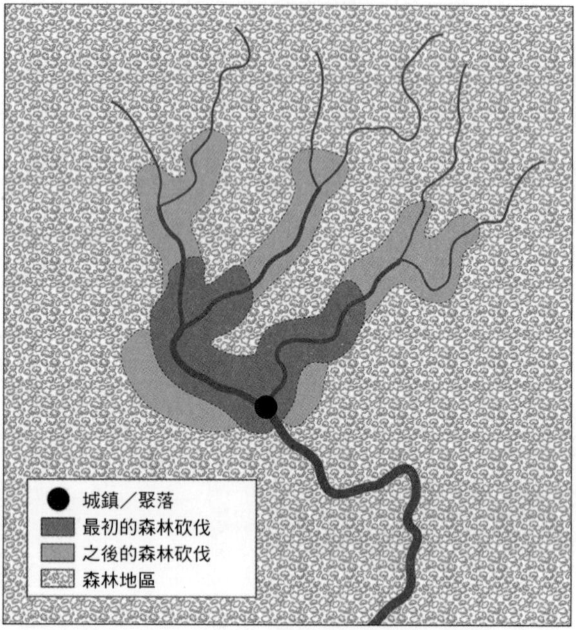

圖20　假設的前現代人口中心上游的森林砍伐模式

人類世已經對河流帶來顯著人為影響，事實上，早在七千多年前，黃河流域就已經被破壞。從三千年前到二千年前，漢族在軍事支持下進行農業殖民，耕種得更密，導致破壞程度顯著提升。前現代最後一波嚴重的土壤侵蝕與洪患大約發生在一〇五〇年到一二八〇年之間（宋朝），這段時期再度出現了農業擴張、軍事建設、木炭生產以及磚與紙的製造技術，這些都讓森林被大量砍伐。

黃河流域的森林不斷遭到砍伐，長期累積便成了悲劇，黃河因此被稱為中國之患。從十一世紀到十三世紀，黃河河道曾經劇烈改變了八次，在山東半島以北與以南的區域來回擺盪。因為沉積物持續在平坦的華北平原沉澱，導致黃河河道不斷地淤積改道。黃河突然溢出舊河道，沖刷出新河道，對渾然不知且繼續在氾濫平原上耕種的農民來說，如果田地剛好就在這條飄忽不定的河流創造的新路徑上，那麼他們勢必面臨死亡與貧困。黃河已不是黃土高原上被早期植被保護著的那條黃河。森林被砍伐殆盡，使得雨水與融雪毫無去處，溼地也完全乾涸。結果導致史無前例波濤洶湧的洪水更加嚴重地侵蝕黃河上游流域，將更大量的沉積物帶往下游。砍伐森林還造成地面溫度上升、加快水分蒸發與引發地下水位下降。對於在黃土高原耕作的人來說，這表示許多泉水將會枯竭，作物更可能出現週期性歉收與爆發饑荒。

讀者可能已經注意到，以古代森林砍伐為核心的主流敘事，完全把重點放在森林砍伐對人類，特別是對定居農民的影響。這些無疑會帶來毀滅且不可預測的影響。定居農業最初的中心，無論在美索不達米亞還是在黃河沿岸，幾乎不可能預料到自己對流域的干預居然會造成如此深遠的影響。當這些影響變得愈來愈明顯時，無論從生態還是政治層面來看，都已無法轉圜。儘管如此，當初在砍伐森林時，人們並未表達痛惜或反對之意，反而將其視為創造農業文明的功績柱。古典時代學者孟子曾寫下一段話，讚揚為了建立更好的人類秩序，征服混亂的自然乃是必要之舉：

當堯之時，天下猶未平，洪水橫流，氾濫於天下。草木暢茂，禽獸繁殖，五穀不登，禽獸偪人。獸蹄鳥跡之道，交於中國。堯獨憂之，舉舜而敷治焉。舜使益掌火，益烈山澤而焚之，禽獸逃匿。[5]

從自然主義者的視角來看，這段深具霸權意味的人類中心論敘事，忽視了無數非人類生命形式，且明顯的視若無睹。孟子認為人類想要安居就必須摧毀或排除阻擋在人類面前的自然世界，他甚至讚揚人類成功「敷治」自然世界的混亂，建立起自己的秩序。

只要提到早期人類對流域的衝擊，那麼理所當然敘述者一定是人類自己。在提到人類的干預對其他物種的衝擊時，主要提到的還是這些衝擊對人類物質福祉產生何種直接影響，諸如地下水位下降、有價值的魚類減少、具破壞性的水災增多，以及曾經數量繁多可供捕獵的野生鳥類與哺乳動物數量下降。這些影響都是從人類的角度出發。

一七五〇年之前，人類轉變河景的步調，本質上取決於人口成長的速度（見

表1），以及定耕農業（馴化植物）與畜牧（馴化動物）的傳布。人類轉變河景的步調一開始很緩慢，在第一個千年開始加速，然後在工業時代急遽上升，與人口成長的軌跡相呼應。

以一七五〇年作為分水嶺，主要是因為此時正值蒸汽動力與大量工程科技出現前夕，而這些發明的出現使人類首次有能力大規模改造河景。

我們沒有可靠而詳細的證據，說明一七五〇年以前的時代如何衝擊非人類物種。儘管如此，我們還是可以根據農業、畜牧、窯乾與冶金術對地貌的大致影響，審慎推論可能造成的衝擊。這一系列干預造成的結果不斷累積，使得流域變得單一並同質，降低了棲地與生物多樣性。僅有那些最能適應

表1　各時期世紀人口粗略估計

西元1年	2億5千萬
西元1000年	3億
西元1750年	7億5千萬
西元1900年	15億
西元1950年	25億
今日	80億

人類創造之新環境的物種，才可能在此群聚生活。

舉例來說，想想現在已經居住著農耕者與畜牧者的氾濫平原與流域河岸。這裡的樹木與大部分植被都被清除乾淨，取而代之的是少數已經播種的作物以及能禁受成群馴化家畜定期放牧的青草地。多樣的河邊棲地，原本可以讓種類相對繁多的鳥類、哺乳動物、昆蟲與小型有機體在此生存，卻被逐步限縮成狹隘而單一。這種均質單一的棲地無法養活過去曾有的多樣物種。然而，我們也不能因此認定過去的地貌充滿生機，而新的地貌死氣沉沉。我們應該這麼說，有許多原本居住在這裡的生物被逐出或逃離棲地，留下來的則是能適應新棲地或受新棲地吸引的生物。部分生物群被新生物群取代，一些能適應新環境的舊生物群自然也會留下來。然而，可以確定的是，為了適應更加同質的棲地，新群聚會比舊群聚更單一。新棲地可能擁有數量更多、能夠適應當地的物種，例如被穀物與豆類吸引過來的鳥類與齧齒動物，或能夠適應土地被擾動翻攪的有機生物，但它們的同質性會更加明顯。[6]

灌溉農地的溝渠與堤防對河流環境的影響，與森林砍伐不相上下。週期性洪水脈動本身就是推動棲地生物多樣性的強大來源。洪水的高漲與退卻，重新補充了溼地的水分與沉積物，在氾濫平原留下了草沼、樹沼、鹼沼、酸沼，這些地貌有的長年潮溼、有的草木繁盛、只有一段時間淹沒在水裡，有的則只有在洪水脈動時才會被水淹沒。在許多未被擾動的河流地區，多數流域都布滿了這種溼地。這些未受人類干預的地區，特別是在平坦而坡度平緩的地形，提供了各式各樣的棲地，生活在這些棲地上的物種自然也十分多樣。

除了為作物清理土地（森林砍伐），建立氾濫平原農業的第二項做法則是排水。這麼做如同發動一場「泥巴滅絕戰爭」，以排水良好的土壤取代泥巴。排水做好之後，整片土地就只剩下水路（排水溝渠與灌溉溝渠）與耕地。對於種植作物的智人來說，這是天大的好消息，但對於絕大多數居住在各種溼地的物種來說，卻是一場毀滅性災難。艾倫・沃爾與其他環境科學家把這個長期過程稱為「大乾涸」（Great Drying）。[7] 這不僅是一場滅絕泥巴的戰爭，也是一場消滅樹蔭的戰爭，劏除了能完整保護泥巴與潮溼的樹蔭。將氾濫平原與河岸森林砍伐一空，讓開敞、耕種過的田野能獲得讓作物成熟的充分陽光，開啟了大乾涸。接下來的關鍵是藉由排水溝渠與堤防將多餘的水導回河中，土壤的溫度因此升高，加速了土壤水分蒸發，也加快了大乾涸速度。

諷刺的是，推動環境轉變的人類，卻不知道自己的做法恰恰損害了農業所需的物理與有機基礎。人類的新生計作物仰賴的土壤，乃是長達數世紀溼地植物腐爛分解的產物。一旦打斷這個過程，不僅棲地將變得更為貧瘠，不適合各類物種生存，也耗盡了人類想要立即獲得豐收所需的自然資本。四千年前人類就開始採取這種做法，當工業革命來臨後，只是加快自然資本耗盡的速度。

＊　＊　＊

農業引發的水文轉變，與其後衍生出來的二階與三階影響，數量多到難以詳細計算。然而，在這所有的影響背後，存在著一個簡單的常識邏輯。河景愈是單一與同質，生活在上面的物種就愈不多樣。新石器時代的地貌，只是為了滿足單一物種的喜好與需要，就被改造。如果這個物種喜愛的地貌需要砍伐森林、興建排水設施與馴化動物，那麼需要樹木與溼地才能欣欣向榮的物種，就會被限制或驅趕，例如森林的鳥類、水禽、兩棲動物、烏龜、水蛇與在河邊以食用樹葉灌木維生的動物。耕作與砍伐森林通常會使河流充滿前所未有的大量淤泥，有利於適應淤泥的物種（例如某些軟體動物、鯰魚與鯉魚）、卻不利於水生昆蟲與某些魚類生存，因為水生昆蟲的幼蟲將在淤泥中窒息而死，而有些魚類需要在清澈回水區的小石與砂礫中才能成功產卵。排水設施與裸露河岸，將導致逕流加快，造成河水湍急，更不利於最能在回水區與回流區生存的魚類。經過數百年農業開墾改造的河流，很可能呈現出極為單一的樣貌，因為它可能只有幾條寬廣的河道與主要支流，很少出現草沼、溼地與樹沼。一條單一而簡略的河流，必然只能讓較為單一、一致與簡略的非人類居民生活。[8]

中場時間　介紹伊洛瓦底江

〔許多人〕發現，要像可敬的橡樹一樣彰顯自己的人格，並不是一件容易的事。

〔讀者可以把「橡樹」替換成「河流」。〕

——喬治·伯金斯·馬許

在地的神靈，在地的聲音

本書的宗旨不僅要了解河流及其支流的生命力有多旺盛，也要為那些以河流作為生活中心的動植物發聲（見第五章）。它們的聲音不容易辨識與表達，但它們的需求、賴以成長茁壯的必要條件，大部分已為人所知。當然，它們代表了河流地區絕大多數的公民，但它們卻無法掌握自己的命運。

對絕大多數生活在伊洛瓦底江的人類公民來說，這條河流的地貌，無論水域還是陸地，也「居住著」各式各樣的神靈（nats，納）。這些神靈在當地歷史中非常重要，祂們力量超凡，既和善也懷有惡意。這些神靈有時被崇拜，有時被安撫，有時被迴避，有時被召喚。幾乎沒人懷疑這些神靈的力量有多龐大，祂們能操控所有河流地區生物的命運。當然，在伊洛瓦底江的水文學、地理學與地貌學的「科學」研究中看不到祂們的身影，在河流公民的世俗研究中，也並未調查過祂們。

儘管如此，想要全面研究伊洛瓦底江，絕不能忽略祂們。這些神靈就跟泛靈論者在樹木、山與溪流看到的地方神祇一樣，與地貌密不可分。祂們也像地方神祇一樣（無論地位如何卑微），都會融入到農民信仰的天主教、村落信仰的印度教與農村地區信仰的伊斯蘭教的組織結構中。

我的兩名緬甸共同研究者曾經在伊洛瓦底江上游普查「納」。以下是他們的成果，他們比我更有能力調查，也因為我擔心如果我跟隨前往，與他們談話的村民很可能有所保留，他們可能會認為，即便我沒有心存輕視，至少也會抱持懷疑，覺得他們相信的全是「迷信」。

以下是茂茂烏（Maung Maung Oo）與奈因頓林（Naing Tun Lin）收集到的說法。[1]

伊洛瓦底江與神靈崇拜

發生自然與人為災害時，上座部佛教雖然能提供心靈的慰藉，但無法解決眼前的危機。在這個時候，地方社群就會乞靈「納」，向祂們尋求幫助。民眾持續以宴席與慶典來尊崇祂們，充分顯示祂們在民眾心目中的地位。

與其他文化的神明不同，緬甸的「納」起源獨特。「納」原本是凡人，但祂們在世時的遭遇與曾經生活過的地點，使祂們成為備受尊崇的神靈。有些人因為與受崇拜的伊洛瓦底江有關而升格為「納」*。

來說說摩訶祇利（Maha Giri）兄妹的故事。這則故事源自於太公（Tagaung）王國，根據緬甸的口述歷史，太公王國是緬甸民族最早定居的地方。西元九〇〇年，蒲甘國王在位時期，今日稱為太公的地方被太公國王（Tagaung Mingyee）統治。在太公，有個鐵匠名叫茂庭特（Maung Tint-Te），他的體格魁梧，當他打鐵時，整座城市都會感覺震動。國王對於鐵匠的力量感到恐懼，覺得他可能危及王位，於是以與王室結親和授予貴族頭銜來引誘茂庭特。然而這只是國王的詭計，茂庭特因此被國王抓住。由於茂庭特刀槍不入，國王於是下令在孔雀豆樹旁立起一根柱子，將他綁在柱子上燒死。

茂庭特的妹妹無法接受這樣的命運，於是跳入火中一起燒死。這對兄妹成為「納」，很快就圍繞著孔雀豆樹作怪。國王於是將樹連根拔起，丟入伊洛瓦底江。這棵樹漂到下游，抵達蒲甘，兄妹懇求蒲甘國王為他們建立居所，而此時他們仍附身在孔雀豆樹上。國王於是用這棵樹製作兄妹的木雕，並且蓋了神龕。茂庭特兄妹為了感謝國王恩德，立誓保護國王與臣民。於是蒲甘國的百姓紛紛在自家前面建立祭祀「納」的小神龕，最後這項傳統逐漸演變成在自家客廳角落設立神龕。「納」的慶典訂在緬曆的那多月（Nadaw，十二月），茂庭特的名字也改為摩訶祇利王（Min Maha Giri），意思是守護家庭的大山之王。就連緬甸末代國王的宮殿裡也供奉著摩訶祇利王「納」。

「納」的名單不斷增加，持續添加新的神靈，通常是具有歷史地位的個人，或者是英年早逝讓民眾感到惋惜的人物。有時就連君主也會與臣民一起敬拜

＊ 編按：楷體字是茂茂烏與奈因頓林的說法。

「納」。還有一些地方上的「納」，出身與生平不詳，卻因為與地方連結而獲得尊崇，民眾敬拜祂們，希望祂們能滿足自己的願望。

「納」主要分成三種。首先是三十七個官方承認的「納」，這些神靈是民間敬拜的傳統神靈，名字被載入了王朝紀錄中。其次是唐比昂（Taung Byone）兄弟，祂們是全國知名的「納」，每年八月，崇拜者會齊聚曼德勒北方的唐比昂村。人們在盛會上咒罵當局、飲酒、性交，某方面來說，有點類似天主教社會嘉年華時的黑彌撒。從殖民時代開始，政府便會介入管理這場盛會，提供交通協助與安全保障，確保這場離經叛道的狂熱慶典不會對政治權威構成威脅。最後是各個地區的歷史人物，祂們各自遭遇了不尋常的命運，透過口述傳統與故事的傳布，逐漸被當成「納」。雖然祂們不一定被載入王朝紀錄，但祂們卻享有廣泛的尊敬與崇拜。

第三類的「納」包括地方上的「納」，又稱為伊瓦道信（Ywa-Daw-Shin）或內道信（Ne-Daw-Shin）。祂們的起源成謎，但總是被描繪成穿著白衣的老人，又稱為波波吉（Bo-Bo-Gyi）。從凡人轉變成「納」的過程有時不那麼清楚，有些神靈被稱為阿梅（Ah-Me）或梅道（Me-Daw），有「母親」的意思，或者稱為阿瑪道（Ah-Ma-Daw），指未婚的神靈。已婚的「納」會加上嘉道（Ga-Daw）這個頭銜，意思是「夫人」或「女士」。有些「納」稱為拉敏（La-Mine），這個名稱與類別仍是個謎，但在地方信仰上相當重要。向「納」祈求的儀式都需要獻上供品，例如三串香蕉與一顆椰子，供品要放在托盤上或碗裡。這些層級較低的「納」會援助民眾的日常生活，當民眾收穫作物、在叢林狩獵，或在河流、湖泊與魚池捕魚時，這些「納」會幫他們解決困難。這些尊崇「納」的信徒即使搬到新的地區，也不會放棄信仰。

位於匯流處的地方「納」

在遙遠的北方，兩條往南流的河流，邁立開江（Mali kha）與恩梅開江（N'mai Kha），匯流形成了伊洛瓦底江。這兩條河的匯流處稱為密松（Myitsone），位於原住民遺產的心臟地帶，是原住民歷史、文化與傳統的發源地。

道馬里普盧拉（Daw Marip Lu Ra）是唐普雷（Tanghpre）村的農民，唐普雷位於河流匯流處下游八英里處，道馬里普盧拉分享了與密松有關的故事。根據當地民間傳說，這個地區最令人恐懼的神明是印凱因布姆（In-Khaing-Bum），祂的脾氣是出了名的反覆無常。印凱因布姆生氣時經常造成山崩與洪水這類災害。有一次，祂在盛怒之下用雷電打擊一塊林地，河岸的樹木紛紛傾倒燒毀。當地人不敢在附近久留，擔心會冒犯神靈。之後在匯流處附近建了一個神龕，用來祭祀印凱因布姆。

傳統儀式絲毫不減對河神的崇敬。

有一則故事談到兩個神靈，卡林瑙（Karin Naw）與卡林甘姆（Karin Gam），祂們擊敗了荼毒鄉民的蛇靈。卡林瑙與卡林甘姆兄弟使用金吉南（Kim Gi Nam）這種植物降伏了惡龍。時至今日，當地人到河邊仍會帶著這種植物防身。每當嚴重的洪水或與河流有關的災難發生時，當地人都會相信是自己的行為觸犯了神明，導致神明降災。儀式可能因地而異，但無論信奉哪一種宗教，人們依然堅守這項安撫神靈的傳統。

賓當萊麥道（Pyin-Daung-Lay Mae Daw）是傑沙區（Katha District）印瓦村（Inn Ywa Village）附近的賓萊平村（Pyin Lay Pin Village）地區受尊崇的「納」。賓萊平村附近，有一座被洪水淹沒的湖泊，這座湖泊名叫賓當艾湖（Pyin-Daung-ay），當地民眾在此捕魚為生。雖然賓當萊麥道的歷史難以追溯，但有趣的是，有些信奉者雖然在當地農漁業衰頹後往南搬遷到三角洲地區，但他們依然信仰賓當萊麥道，並且把對賓當萊麥道的崇拜擴展到水路沿線的村落。

多賓村（Doe-Bin Village）位於印瓦村與雅奧村（Nga-Oh）之間，在多賓村附近有一座「納」神龕，供奉姜賓（Kyun-Pin）兄妹「納」。據說這對兄妹是孟密君主（Sawbwa of Mong Mit）的子孫。兄妹兩人在河邊洗浴時發生悲劇，一根巨大的柚木倒下來壓死他們，他們於是變成了「納」。當地人相信兄妹的靈魂附在那根壓死他們的柚木上。這根柚木順流而下，從瑞麗江流到伊洛瓦底江，經過了一百八十海里，直到曼德勒對岸的敏貢（Mingun）。

在敏貢，兄妹「納」託夢給當地佛僧歐楚薩亞多（Oak-Chut Sayadaw），當時歐楚薩亞多正獨自一人全神貫注地冥想。兄妹「納」向他表明，希望棲身在孟密山附近，因為這個山區與孟密領主有淵源。孟密領主是波道帕耶國王（King Bodawpaya）之子，他的一名后妃是孟密君主的女兒。托缽僧人回應了他們的要求，他在山腳下兩棵巨大的柚木之間為他們建了一座小神龕。

當在伊洛瓦底江航行的筏夫與旅人靠近這座神龕時，都會向這對兄妹「納」頂禮膜拜。起初，他們口中誦念兄妹「納」的名字，希望他們保佑航行平安，不會遭遇危險，例如撞到岩石、沙洲與潛藏在河中的瓦礫。長久下來，兄妹「納」保護與幫助祈願信眾的故事傳了開來，使他們成為廣受整個地區民眾信奉的神靈。最後，原本如鳥屋般不起眼的神龕，被改建成一座美輪美奐的祭壇，以供奉這對兄妹「納」。日後信眾們興建的新廟，規模也超越了最初坐落於傑沙鎮瑞麗江畔的神龕。

敬拜神靈的儀式，基本上大同小異。供奉儀式（Ga-Daw-Pwe）的供品不外乎三串香蕉、一顆椰子、線香、蠟燭與習俗上使用的物品。在神龕附近不許做出不適切的行為，例如小便，他們相信這類行為會觸怒神靈。此外，夫妻也要避免在這裡公然親暱，因為這麼做也會惹惱兄妹「納」。

下游的辛古

從曼德勒地區的辛古鎮（Singu）往下游走，沿河地區的「納」崇拜模式相似。烏翁辛（U Aung Thin）是住在當地的一名六十幾歲漁夫，他被問到當地的「納」崇拜如何進行並且做了說明，以下所述有部分是出自這名漁夫的敘述。

當伊洛瓦底江流過第三峽谷時，河面整個舒展開來，形成了氾濫平原，當地人會在裸露河床上種植季節作物。他們會根據與河流的距離與高度來決定種植什麼作物。由於當地人絕大多數是佛教徒，因此典禮與儀式主要圍繞著佛教以及相關的泛靈崇拜。家家戶戶屋內幾乎都設有神龕，裡面供奉著家宅守護神摩訶祇利王「納」，他們還會在房屋的前角柱上掛一顆椰子。

除了摩訶祇利王「納」，當地人也會基於特定目的崇拜其他神靈。

農民主要敬拜的是彭瑪基納（Ponmagyi Nat）或彭瑪基辛瑪（Ponmagyi Shinma）。人們會在不同時節祭拜彭瑪基納，例如犁田或收成時。在彭瑪基的神龕，信眾會祈求豐收、不受病蟲害侵襲與風調雨順。獻給彭瑪基納的供品包括油炸的紅米與白米飯糰，以及傳統烹煮的米飯與菜餚。儀式結束後，供品會分送給所有信眾與鄰人，藉此加強友誼與連帶關係，並且榮耀彭瑪基納。在德保月（Tabaung）月亮漸圓的第三日，全國各地民眾都會膜拜彭瑪基辛瑪。雖然彭瑪基納的名字因為各地語言差異而有所不同，但祭拜儀式在全國各地都是一樣的。

在河邊農地的邊緣，有一個肥皂箱大小的神龕立在一根柱子上。這個神龕供奉的是伊瓦道信或內道信，祂們是掌管特定地區的神靈，經常被稱為波波吉、阿巴（A-Ba）或阿波（A-Bo）。祭拜這些神靈可以保佑土地不會遭受侵蝕與病蟲害威脅。往更高處開墾的農民，除了波波吉之外，還會向彭瑪基祈求五穀豐登。除了這些神靈，還有一些「納」與父母及祖先有關，稱為祖先「納」或米桑法桑納（Mi-Saing-Pha-Saing nats）。這些祖先「納」會因為生前居住的地區不同而有所差異，因為有些信徒可能搬過家。

遷徙的「納」

漁民生活的地區，人們各自敬拜自己的「納」。在家裡，他們祭拜祖先「納」，在船頭，他們供奉彌憍苴（Ko Gyi Kyaw）與唐比昂兄弟。在船艙裡，則供奉阿梅耶因（A-Me-Ye-Yin）。船頭的「納」可以保佑船上的人平安，船艙的「納」可以確保漁民豐收。獻給彌憍苴的供品包括炸全雞與一瓶酒。阿梅耶因的供品則是醃漬茶、線香與炸飯糰。信眾愈富有，「納」的供品就愈精緻。每個家庭都會膜拜大量的「納」，因此供品可能出現三十串以上的香蕉與其他相關物品。除了個別祭拜儀式，人們每三年會舉辦共同的「納」祭拜儀式，祭拜的對象幾乎包括全國各地所有的「納」。

伊洛瓦底江有一種巨大的掠食性鯰魚，名叫nga-ywe，力量足以弄斷魚網，相當危險。然而這種魚也被視為「納」魚受人尊敬，如果偶然捕獲這種魚，必須將其放回水中。伊洛瓦底江豚是漁民的朋友，牠們會驅趕魚群進入漁民的網中。

除了唐比昂兄弟之外，以下提到的「納」都不是漁民生活區的神靈。這些神靈之所以出現於此，是因為外地人會前往伊洛瓦底江谷地，定居在這片肥沃的土地上、捕捉淡水魚類。

信眾們世世代代口述傳承阿梅耶因的故事。祂是今日馬圭地區（Magway Region）彭唐彭亞（Pontaung Ponya）次級領主的妹妹。祂成為強大的「納」，當旅人經過祂管轄的叢林時必須格外小心。有許多神龕宣稱是阿梅耶因最早的神龕，然而根據這則故事，最早的可能是馬圭地區的神龕。阿梅耶因的影響力不僅限於伊洛瓦底江與淡水魚類，緬甸其他地區的內陸社群也會向阿梅耶因祈求得到祝福。

* * *

有四個「納」名叫彌憍苴。雖然每個彌憍苴都有自己的背景故事，祂們的行為與態度也很類似：祂們飲酒、對鬥雞賭博下注與喜歡助人。帕坎烏敏皎（Pa Khan U Min Kyaw，即彌憍苴）的故事尤其與欽敦江的部分河段有關，就在欽敦江與伊洛瓦底江匯流處附近。帕坎烏敏皎是一名貴族，他受阿瓦王朝（Ava）的明康王（King Min Khaung）之命，前去挖掘溝渠，把欽敦江的江水引入新建的城市帕坎（Pakhan）的護城河中。帕坎烏敏皎喜歡玩樂，結果誤了正事，導致溝渠挖掘計畫失敗，因此被國王處決。然而，彌憍苴的臣民非常不滿，因為彌憍苴是個仁慈的領主，讓臣民過著幸福而安全的生活。他後來成為香火鼎盛的「納」，帕坎居民每年都會舉辦慶典來紀念他。

＊　＊　＊

唐比昂兄弟的故事可以追溯到十一世紀的蒲甘時代，緬甸人對此耳熟能詳。流傳最廣的說法是，唐比昂兄弟沉迷於玩彈珠，結果耽誤了國王要求每個臣民要帶一塊磚頭來協助修建大佛塔的命令。由於他們觸犯的是大不敬罪，因此遭到處決。跟唐比昂兄弟有關的三個慶典，皆會在特定的日子舉行。

第一個慶典是為了紀念參與戰爭的唐比昂兄弟，舉辦的時間是緬曆的那多月，也就是十二月。另一場慶典在緬曆的德保月（也就是二月或三月），唐比昂兄弟此時從前線回來，村民們舉行歡迎祂們返鄉的儀式。然而，這兩場慶典的重要性比不上第三場慶典，也就是宣示雨季來臨的慶典。這場慶典會在唐比昂兄弟位於唐比昂村的主神龕舉行，唐比昂村位於曼德勒以北十一英里處。每年，緬甸各地會有成千上萬的信眾湧入唐比昂村，到唐比昂兄弟的神龕祭拜。據聞這場慶典的歷史可以上溯到十一世紀，從哇高月（Wakhaung，也就是七月或八月）月亮漸圓的第八日到當月的滿月日。慶典的每一天，都有特定意義。第四天，舉行喬耶道通布維（Cho-Ye-Daw-Thone-Bwe），也就是「納」在伊洛瓦底江洗浴的儀式。過去，當瑞塔昌溪（Shwetachaung Creek）的溪水上漲到唐比昂村的邊緣時，村民會把唐比昂兄弟的神像拿到村落道路旁的沐浴地點。其他的「納」慶典也遵循唐比昂兄弟的例子，舉行類似的儀式。

伊洛瓦底江流域

伊洛瓦底江流域將是接下來分析的重點。雖然流域有許多值得探討的特性，但每個特定的流域都不太一樣，擁有獨特的歷史、形態、水文與相應的河流地區動植物。因此，從這裡開始介紹伊洛瓦底江流域及其獨特的性格，似乎正是時候。

這種方式並非沒有風險。一張地圖的大頭照，一篇深刻的歷史傳記，一段描述河流季節漲落的文字，最後加上群聚的河流生物，這個古怪組合很可能錯誤地將河流視為只是地圖上眾多的靜態管線，這些管線創造了一成不變的地貌並且把大量的水送向大海。我將竭盡可能避免以任何靜態的方式理解伊洛瓦底江，並且強調移動永遠無法完全預測。

雖然從板塊構造的時間尺度來看，地質景況本身每時每刻都在移動，但從短期來看，地質景況卻是河流必須適應環境的關鍵。實際上，東南亞所有的山脈都是南北向。結果，所有的大河也都是類似的走向，源頭都位於喜馬拉雅高原或附近，注入印度洋、安達曼海或南海。伊洛瓦底江也不例外，這條河沿著板塊構造運動形成的谷地流動，特別是八莫與曼德勒之間的實皆斷層。

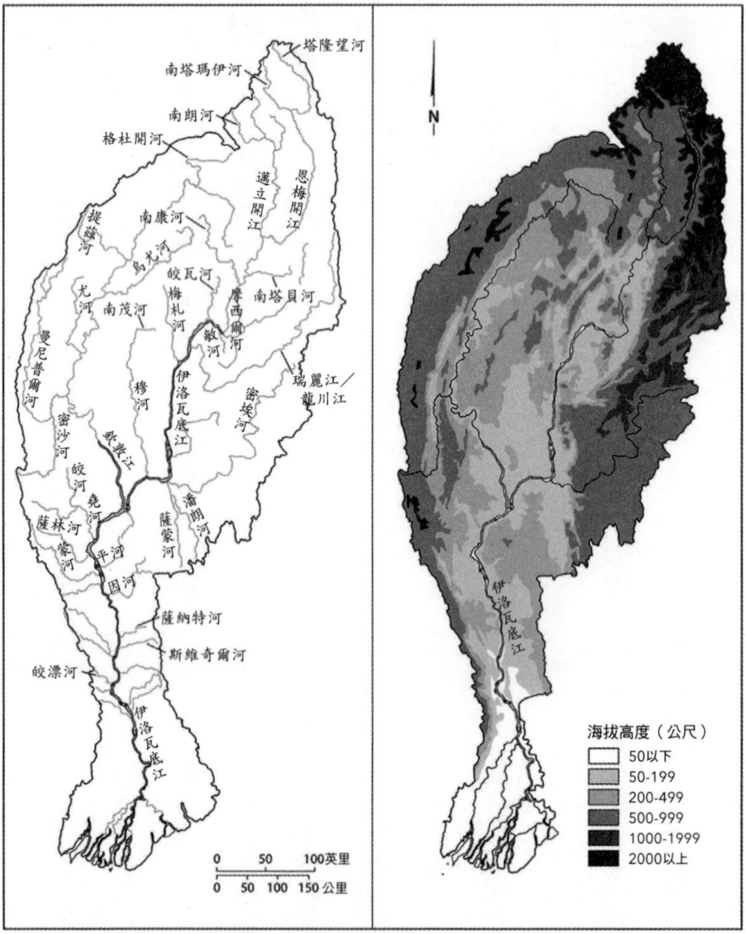

圖21　伊洛瓦底江主要支流（左圖）與海拔高度（右圖）地圖

雖然受限於南北向盆地地形，伊洛瓦底江卻在相對晚近的地質年代出現劇烈變化。今日的伊洛瓦底江盆地與錫當河盆地被一條縱向的勃固山脈（Pegu Yoma range）一分為二，然而在距今不久的五萬年前，這裡的絕大部分地區都被巨大的海灣覆蓋，就連勃固山脈也沉在水裡。大約從八千年前開始，冰河融化脈動使得全世界海平面迅速升高，這片海灣因為海平面大幅升高而再度成形。海灣底部沉澱了大量淤泥，解釋了氾濫平原土壤為什麼如此肥沃，以及今日降雨稀少的乾燥區為什麼早期能如此多產。

許多地質學家相信，古伊洛瓦底江曾經涵蓋勃固山脈以東的錫當河流域。一般推測，伊洛瓦底江往西移動侵奪欽敦江流域，是因為大約五百萬年前受到波巴—溫托火山弧（Mount Popa-Wuntho arc）鄰近地區火山活動的影響。

對於已經熟悉溫帶河流水文與生態的讀者來說，可能很難理解伊洛瓦底江這種流域特有的季風與副熱帶性格。儘管每一條河流都會洪水脈動，但在季風區，洪水脈動的規模更龐大也更容易預測。因此，季風區河流在洪水期巔峰溢出河岸時，會產生更廣大的氾濫平原與溼地。這種類型的水位高漲（在伊洛瓦底江，水位平均可以漲到乾季水位的八倍）創造出更廣大的過渡地貌，既不完全是陸地，也不完全是水域，而是從溼漸進轉乾。後面會更詳細的說明植物與動物如何反映這種生態環境。

熱帶水路性格鮮明。[2]由於熱帶水域沒有明顯的寒冷或休眠季節，因此組成溫帶水域重要有機體的落葉，在熱帶水域就顯得沒那麼重要，水生植物及其碎屑更關鍵。也因為熱帶溪流水溫較高，溪水可以支持密度較高的細菌、真菌、藻類與其他形式的微生物。隨著食物鏈的基礎（包括昆蟲在內，牠是主要河流動物群之一）變得豐富，熱帶水路的生物生產力也是溫帶水路的數倍。[3]熱帶河流擁有較高的營養負荷量，加上雨季洪水脈動帶來橫向連結，因此創造出大量的微棲地，使得熱帶河流及周邊環境的物種多樣性往往高於溫帶河流。

我會採取傳統的做法來簡介伊洛瓦底江流域，從高地的源頭與支流開始說起，中間經過三角洲的分流，直到最後入海。不過跟傳統做法稍微不同的是，

1 東喜馬拉雅高山灌木與草甸
2 北三角溫帶森林
3 怒江、瀾滄江峽谷高山針葉林與混合林
4 欽山、阿拉干山脈山地森林
5 東喜馬拉雅闊葉林
6 卡亞—卡倫山地雨林
7 米佐拉姆—曼尼普爾—克欽雨林
8 緬甸海岸雨林
9 東北印度—緬甸松樹林
10 北印度支那副熱帶森林
11 北三角副熱帶森林
12 伊洛瓦底江溼潤落葉林
13 伊洛瓦底江乾燥森林
14 伊洛瓦底江淡水沼澤森林
15 緬甸海岸紅樹林
邁立開江
恩梅開江
穆河
伊洛瓦底江
欽敦江
太平江
瑞麗江
密埃河
N
0 100 200英里
0 100 200 300公里

圖22　伊洛瓦底江盆地生態區地圖

我的重點會放在河流及支流上，而非沿河分布的重要人類聚落。

伊洛瓦底江的源頭與流域不同，據說伊洛瓦底江的源頭，起於恩梅開江與邁立開江的匯流處（密松），也就是在克欽邦（Kachin State）首府密支那（Myitkyina）上流四十二公里的地方。恩梅開江與邁立開江排出的水量，大約占整個伊洛瓦底江流域的百分之十一。伊洛瓦底江的下一條重要支流是瑞麗江，排出的水量大約占整個流域的百分之五點五，並且由東向西在傑沙與太公之間匯入伊洛瓦底江。在與伊洛瓦底江匯流處附近，瑞麗江的江水灌溉了大片草沼，而這裡正是知名的瀕危特有種野鴨棲地，此地的氾濫平原也以茂密植被（特別是杜鵑花）而遠近馳名。繼續往下游走，下一條重要支流是密埃河（Myitnge），排出水量比例僅次於欽敦江，占整個流域的百分之十一。這條河的緬甸原意是小河，用來區別大河伊洛瓦底江。密埃河流經伊洛瓦底江東部流域，並且在曼德勒附近的古都阿瑪拉普拉（Amarapura）注入伊洛瓦底江。

剩下的兩條重要支流穆河與欽敦江，則流經伊洛瓦底江西側。穆河顯然比

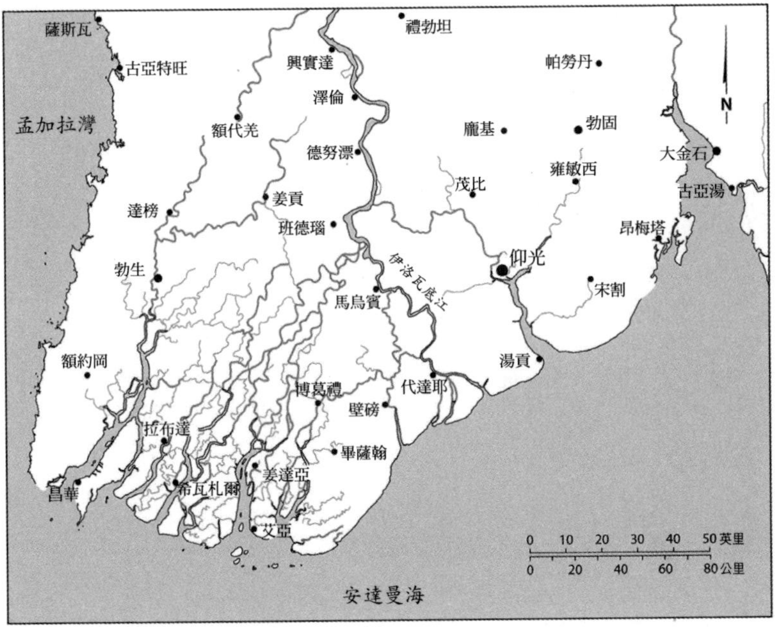

圖23　伊洛瓦底江三角洲地圖

欽敦江來得小，由於沿岸有相對稠密的灌溉聚落，最近還興建了水壩，所以排出的水量不到整個流域的百分之五。穆河在注入伊洛瓦底江之前消耗的水量，是伊洛瓦底江所有支流中最多的。穆河的上游森林地帶居住著少數民族加杜族（Kadu）與加南族（Kanan），西元一〇〇〇年左右，古代驃人為了逃離緬人的軍事殖民而來到此地，加杜族與加南族很可能代表了殘存的古代驃人。

最後而且也是最重要的支流是欽敦江，欽敦江排出的水量占流域的比例超過百分之二十七，伊洛瓦底江帶到海中的沉積物絕大多數也來自欽敦江。欽敦江總長度是一千二百公里，相當於傳統上認定的伊洛瓦底江長度的一半。[4] 在六月到十一月的雨季豐水期間，河輪可以從欽敦江與伊洛瓦底江匯流的地方，往欽敦江上游航行超過六百四十公里。兩條河匯流的地方是一片廣大的地貌變化無常的區域，隨著欽敦江在洪水期不斷沖刷出新河道，這裡的溼地、水域多樣性與沖積小島也持續變動。欽敦江帶來的洪水脈動與沉積物極其龐大，在欽敦江下游的十四條支流由於流域大幅縮減，十四條支流攜帶的沉積物與加總水量，頂多只占欽敦江的三分之一。[5]

離開乾燥區，伊洛瓦底江經過卑謬（Pyay），此地是緬人之前的驃人留下的古代遺跡（室利差呾羅〔Sri Ksetra〕，西元一世紀），驃人在此處的氾濫平原耕種並且建立了早期城牆聚落。再往下游走，會到達伊洛瓦底江著名的河濱城市是興實達，傳統上認為這座城市是伊洛瓦底江三角洲的起點。從興實達往下游走，我們看到了分流而非支流，這些分流呈扇形分散，流過了整個三角洲。這些穿過三角洲的幾條重要分流，都是因為在過去八千年間，從山區流往大海的沉積物逐漸在下游沉積，而日益形成。主要的分流有西部勃生河、中部博葛禮河與東部仰光河，每一條分流都以經過的最大城市命名。

緩慢的河流與廣大的氾濫平原

伊洛瓦底江的坡度非常平緩。曼德勒是貢榜王朝（Konbaung Dynasty）末

圖24　伊洛瓦底江氾濫平原

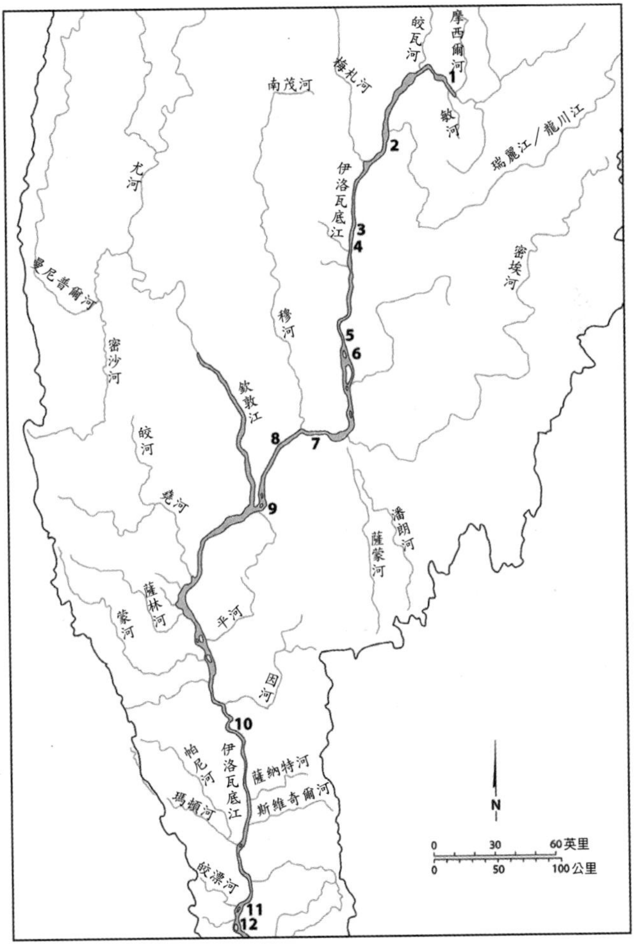

圖25　伊洛瓦底江氾濫平原幾處溼地地區的位置

代君主建立的前殖民時期首都，距離大海足足有一千公里，但海拔高度卻只有八十公尺。因此，伊洛瓦底江在流往大海的路上，平均每公里才下降八公分。下降的過程當然是不平均的，這表示河流有一大段河道幾乎完全平坦。在製陶城鎮皎苗以南的乾燥區尤其如此。從曼德勒順流而下到乾燥區的南緣附近，可以到達城市馬圭，兩座城市相距超過三百公里，但伊洛瓦底江的海拔高度只降低了二十一公尺。興實達被視為三角洲的起點，儘管距離海岸兩百多公里，卻只比海平面高了十七公尺。這種平坦地形導致三角洲的下半部成了潮間帶，容易受到大潮與風暴帶來的巨浪影響，三角洲的上半部則被淡水的洪水脈動支配。

廣大的氾濫平原與平緩的坡度，導致伊洛瓦底江的河道蜿蜒曲折而且經常變動，再加上豐沛的季風雨，使得氾濫平原周而復始地出現被水淹沒的廣大溼地。[6] 氾濫平原與相伴的溼地，是數千年來河流自然舒展而成。

季節的影響

伊洛瓦底江每千年、每百年、每年或甚至每天，樣貌都不同。雨季是緬甸最重要的季節，此時的降雨占緬甸年降雨量的百分之九十二。雨季充足的雨量讓伊洛瓦底江在九月豐水期的水量，是二月水量最少時的八倍。一條水量增加到原來八倍的河流，與二月時流速和緩的樣態早已截然不同。[7] 伊洛瓦底江不僅變寬、水位變高，而且一下子淹沒了氾濫平原、河邊森林、溼地、草沼，甚至也淹沒了鄰近一整年都維持乾燥的平坦地面。有時遇到強大的洪水脈動年，一些很少淹水的地區也會被伊洛瓦底江淹沒，改變當地的植物而且擴大生物多樣性。在洪水期，伊洛瓦底江會重塑過渡區的景觀。這裡的地貌不完全是陸地，也不完全是水域，而是水陸兩種形態的過渡地帶，因此特別多樣化。

我們眼中的河流總是頭也不回地往下游流去。然而，還是有例外。最明顯的例子發生在雨季洪水巔峰期伊洛瓦底江與欽敦江的匯流處。由於實皆上游的乾燥區坡度極為平緩，因此當往下的水流堵住並且短暫「倒流」時，就會產生積水效應，導致河水一路回漲到曼德勒。[8]

一般來說，每年洪水脈動會沿著河流流向由北向南發生。洪水脈動往南擴散的時機與強度，往往取決於降雨模式。[9]當河流遭遇平坦的地貌，河流會橫向移動，因此降低了往下游流動的衝力，直到遭遇自然屏障，河流才會往下游流動。當河流移動時，實際上所有仰賴河流環境維生的生命也會跟著移動。魚類會遷徙到可供產卵與獲取營養的新地點。河水的湧入，使休眠的種子與植物開始發芽散布。過渡區的地貌遭到淹沒，短期淹死了陸生植物，創造了有利於水生植物生長的環境。昆蟲數量的轉變取決於能否適應變動生態系統。魚類、昆蟲與植物一旦移動，掠食者也會跟著移動，包括鳥類、哺乳動物、兩棲動物與爬蟲類，都會與主要營養來源同步移動。[10]河流能規律地出現洪水脈動，是河川生態全面重組的基本前提。

智人身為河流地區的物種也無法置身事外，必須適應河流移動。我們已經

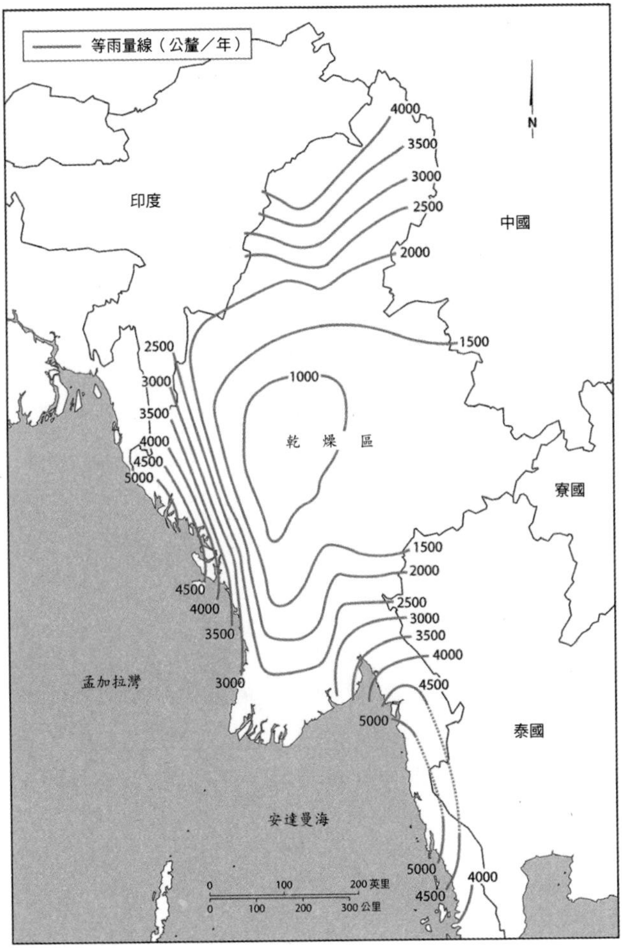
等雨量線（公釐／年）
N
印度
中國
寮國
泰國
乾燥區
孟加拉灣
安達曼海
4000
3500
3000
2500
2000
1500
1000
2500
3000
3500
4000
4500
5000
1500
2000
2500
3000
3500
4000
4500
5000
4500
4000
3500
3000
5000
4500
4000
0 100 200 英里
0 100 200 300 公里

圖26　緬甸的降雨模式

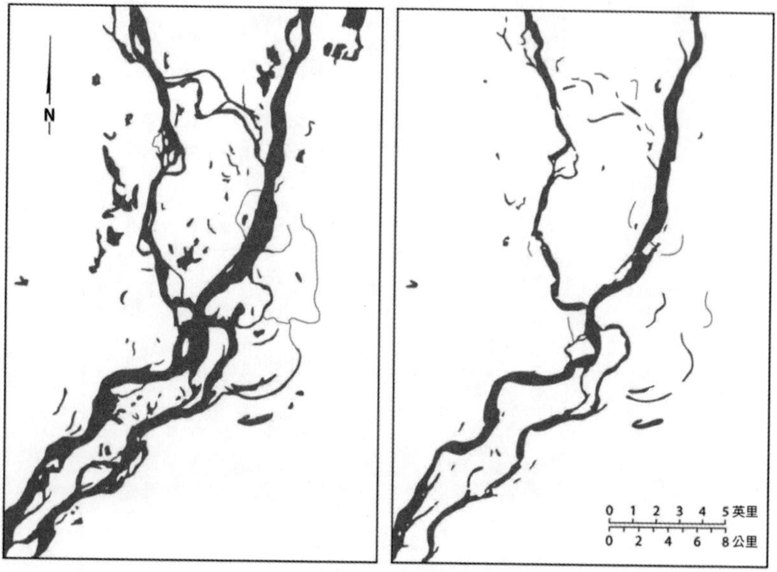

圖27　雨季後的欽敦江匯流處（左圖）與乾季時的欽敦江匯流處（右圖）圖示

提過，狩獵者與採集者以及最初的文明，都必須仰賴河流周邊地區提供的高密度資源。對於定居農業社群來說，洪水退卻後的耕作作業，在勞動與營養交換上非常高效，卻是唯一一種能比肩狩獵採集活動的穀物耕作形式。洪水脈動也促成能比肩洪水退卻農業的捕魚方式，可稱為「洪水退卻捕魚」。這種做法幾乎可以確定比農業還早發展，而在今日的伊洛瓦底江沿岸，洪水退卻捕魚依然跟洪水退卻耕作一樣，是河邊居民慣行的做法。方式很簡單。在雨季豐水期，漁民會在可操作與相對狹窄的匯流處，將竹樁打進河床，樁與樁之間要夠緊密，好讓絕大多數的魚無法穿過，但又不能太緊密，至少要讓河水可以順利通過。洪水退了之後，便可以輕易收穫這些被困的魚，只要在竹樁開一個小門，讓魚能夠小群小群地游出，沿著通道游進籃子與網子裡即可。在某些情況下，人們會建造可移動的魚梁，然後從下游將魚群趕到上游較小支流的低窪處加以捕捉。[11] 人類的捕魚技術模仿了其他掠食者，唯一不同的是，其他掠食者只會些微影響水景。進入現代後，人類大幅度改造自然的狀況已經達到前所未見的規模，原本只是在各地的微幅變化，最終演變成水域全面轉型。

沉積物脈動

我們可以將洪水脈動理解為季節性豐水期，但洪水並非唯一能賦予河流生命的動能。洪水脈動在巔峰時期攜帶的沉積物也十分重要。河流的水流就像傳動帶，把淤泥、黏土、沙子、砂礫、小卵石甚至大圓石運往下游。經過長期運送，伊洛瓦底江這條傳動帶，在興實達以南處堆積出伊洛瓦底江三角洲，使其成為現代緬甸最具生產力的農業地區。這項水力造陸的成就，在七、八千年間就完成了，從地質時間的角度來說相當快速。兩千年前的濱海或位於海岸附近的城鎮，今日已成為內陸河港。伊洛瓦底江三角洲既是自然產物，也是人為產物。之所以是自然產物，是因為伊洛瓦底江河口海岸有著相對較淺的大陸棚，主要支流欽敦江也從容易侵蝕的地區，運送了大量沉積物到河口。之所以說是人為，則是因為至少從西元十世紀開始，人類砍伐森林與實施排水工程，讓河水的自然侵蝕更嚴重。[12]在興建大壩之前，伊洛瓦底江一直是世界前五大攜帶沉積物最多的河流。

上述沉積物脈動經常與洪水脈動同時發生，因為此時河流的水量與速度足以移動較重的物質。沉積物脈動的物理與重力因素十分清晰，因為搬運不同的沉積物所需的力量截然不同。顆粒較細微的淤泥與黏土，最容易從河岸與河床中被沖刷與翻動，並且在水中漂流，而沙子、砂礫、小卵石與大卵石，甚至是大圓石，顯然需要更大的力量才能搬運。較輕的物質會先被帶走，等到洪水脈動變強時，才能移動較重的物質；反過來說，當洪水脈動減弱時，最先沉澱在河床上的會是較重的物質。從這點來看，「沉積物脈動不是單一事件」，而是依照被移動的沉積物種類，而有一連串分段節奏。

與洪水脈動一樣，在積年累月下，沉積物脈動也能影響河流的移動與形貌。當洪水脈動減弱時，特別是在平坦地形，沉積物會開始沉澱，持續累積到一定程度，就有可能構成自然障礙物，影響既有河道。河流將被迫溢出河岸，在鄰近的平原四處流淌，尋找通往大海的新河道。沉積物脈動就跟洪水脈動一樣，也會引發河道遷徙。河道遷徙通常變化極其細微，只有少數大規模的堵塞才會引發整條河道劇烈變動。我們之前提到的黃河便是如此，黃河改道十分劇烈，在山東半島以北與以南之間來回擺盪。伊洛瓦底江最初是沿著錫當河河道流動，之後才轉而走目前這條位於勃固山脈以西的河道，將欽敦江作為支流納為麾下。[13]

河流生態的生產力與多樣性，是由洪水脈動與沉積物阻塞形成的天然障礙所推動。使得河流脫離了舊河道與氾濫平原，獨自展開新的旅程，並且創造出新的河道與氾濫平原，重新喚醒舊的溼地與創造新的溼地，擾亂既有的棲地與建立新的棲地。若說河道遷徙滋養了整個流域生態，推動河道遷徙的關鍵便是沉積物。

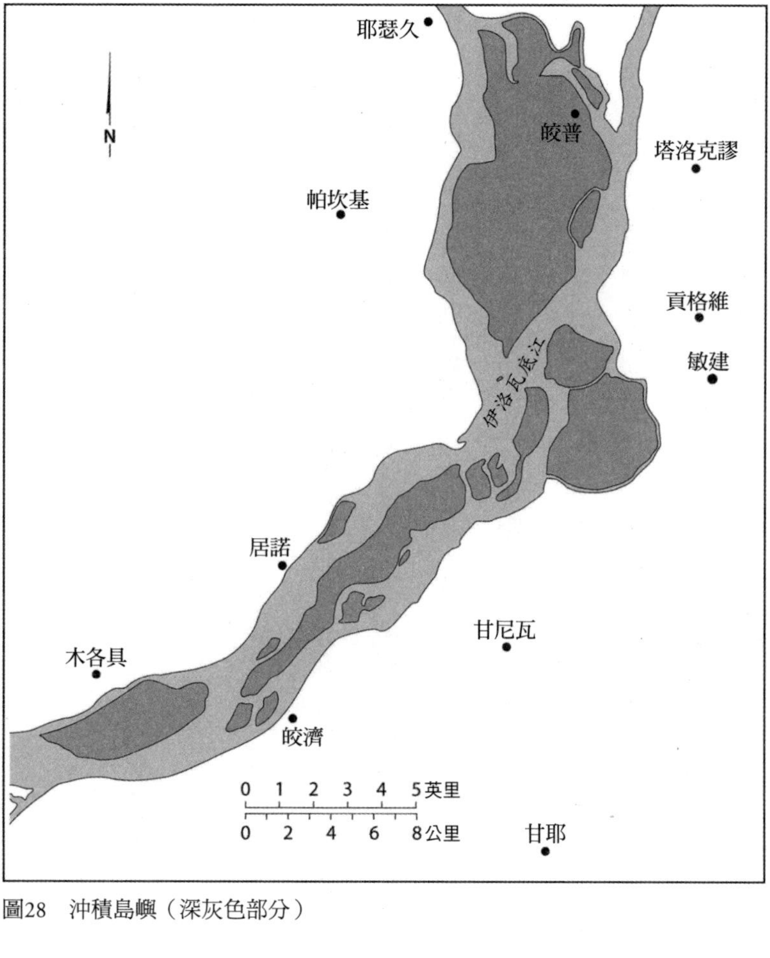

圖28　沖積島嶼（深灰色部分）

沖積島嶼

最典型的河流遷徙案例，莫過於持續形成的沖積島嶼。這些島嶼突然出現、消失、成長、侵蝕，平日可能與河岸相連，只有當雨季來臨或遭逢暴雨時才會與陸地分離。這些島嶼顯然是洪水沉積物的產物，就跟伊洛瓦底江三角洲這座大半島一樣，是由洪水脈動傳動並堆積起來的。伊洛瓦底江最常出現沖積島嶼的地方，往往是在河流坡度低，且上游沉積物脈動頻繁發生之處。往上游追溯，伊洛瓦底江的沖積島嶼最遠可以在鄰近中國邊境的八莫出現。最大的幾座沖積島嶼剛好就在欽敦江與伊洛瓦底江匯流處的下游，一路延伸到木各具（Pakokku）以及更下游的地方。

伊洛瓦底江沖積島嶼最多的地方是在三角洲地帶，和緩的坡度加上雨季巔峰期的洪水導致沉積物堆積，每年都不斷重塑當地地貌。

費斯克的密西西比河曲流帶地圖，描繪了河流移動的深層歷史，我們可以合理推斷，絕大多數河流周邊地區的鳥類、爬蟲類、兩棲類與哺乳類（包括智人），今日棲息與居住的地方，過去都曾經是沖積島嶼。這意味著即便任何物種在原地寸步不移，都有可能突然發現自己生活的地方變成沖積島嶼，河流移動就是如此變化莫測。

居住在河流周邊地區的人類，特別重視作為棲地的沖積島嶼。伯努瓦・伊瓦爾斯是伊洛瓦底江沖積島嶼的專家，他認為這些沖積島嶼的生產力比鄰近氾濫平原農田高出三到十倍。人們經常把沖積島嶼視為金銀財寶，可見極其搶手。對仍在擴大的沖積島嶼來說，上面的自然植物會自然輪替。該映（Kaing）是一種拓荒草，會率先在沖積島嶼上生長，有助於穩定島上鬆軟的沙土。如果雨季的淤泥持續沉積，把沖積島嶼推升到平均洪水高峰也無法淹沒的高度時，就會出現更多土壤可以整地，用來種稻或其他耐溼作物。對智人來說，理想的狀況下，沖積島嶼若持續上升、河水水流趨緩，便可以讓人類進一步種稻與建立村子，甚至能種植果樹。烏索（U Soe）是伊瓦爾斯研究的村落裡的詩人，他曾引用一句諺語：「一座島的生命（只）有一百年。」[14]

沖積島嶼的移動與介於水路之間的模糊性，挑戰了陸地法則與國家統治視為理所當然的既有規範。誰有資格使用這個新資源，根據是什麼？一旦具有潛在價值的沖積島嶼出現，鄰近幾座村子便會爭相競逐，宛如在搶占黃金。典型的起手式是在（新）土地上圈地，包括清除灌木叢、用木樁定出可能的稻田界線，這種做法意味著「占領便是擁有」，認為這在法律上能站得住腳。實際上經常發生的狀況是，在河的兩邊各有一個村子主張擁有新的土地。此時通常會使用普通法的慣例來解決這類爭端，而非訴諸武力。這些慣例可能早於國家認證的土地所有權制度，常見的解決方式如下：拿一個可以浮在水面的物體，通常是木頭，把它放在新沖積島嶼上游的水流裡。當物體被水流沖到下游時，往往會沿著沖積島嶼水流較強的一側通過。物體通過的河道就視為河流，與島嶼之間隔著河流的村子就必須放棄，另一邊的村子與島嶼之間隔著的則是較小的支流，因此可以取得島嶼所有權。附圖是根據烏索描述繪製的地圖，上面的黑

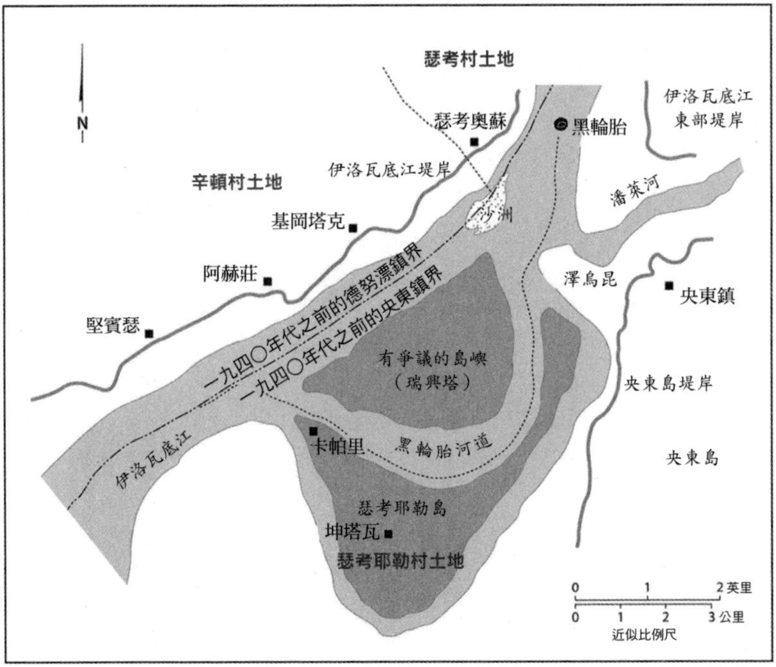

圖29　決定新沖積島嶼（深灰色）所有權的方法。「黑輪胎河道」的路徑顯示了爭議島嶼所有權的變化

輪胎河道指的是使用黑輪胎辨識出來的主河道，以此來解決爭端。[15]

洪水與沉積物創造的新棲地，不僅人類想取得，能適應新環境的拓荒植物、魚類、雙殼貝類、鳥類與昆蟲也想在此定居。然而唯有人類以統治者與國家自居，主張有權將法律資格分配給他們指定的人。唯有人類會使用竹樁、石頭、沙袋與小型魚梁，致力於固定或擴展地產，阻止河流再次拿走這些土地。烏索說得好，他們的勝利必然短暫。

第四章　干預

全面控制以取得更大財富。

——美國墾務局，一九三〇年代

只要從事定耕農業，前工業時代的人類就會不斷衝擊流域，影響更會持續累積。衝擊的強度與人類的數量、人類為了種植作物而清理的土地面積，以及人類為了製造原始工業產品（如陶器、磚頭、灰泥與早期冶金）而使用的薪柴數量成正比。與日後以工業改造河景的時代相比，這個時期至少有三個特點。

首先，從地理上來說，衝擊只集中在高人口密度地區。西元一四〇〇年時的世界人口估計不到四億人，僅占今日世界人口的百分之五，有非常多人從事狩獵與採集。其次，當時人們使用的工具，比較重要的有火、水車、挽畜與早期的鐵製用具，這些工具對環境造成的衝擊有限。最後，人類對河景的衝擊主要是從事生計農業時產生的附帶影響，而非存心要改造河景。當然，這種區別對於魚類、鳥類、哺乳動物、植物與樹木來說並無意義，因為無論如何，它們的生活世界已經遭受危害。

前工業時代耕作者侵入的流域「並非」原始的、從未受過侵擾的原生地貌。流域中所有的生物都是地貌改造者與生態位建構者（niche-builders）。它們不斷重塑棲地，而且時常與其他生物競爭。包括魚類、鳥類、哺乳動物、昆蟲、兩棲動物、植物以及土壤與水中生物相，所有這些生物共同組成的生態鑲嵌，連同地形與水文動態，都是構成在地河川景觀（vernacular riverscape）的重要力量。過往在探討流域形塑時，時常集中在河狸與智人身上，因為他們確實帶來破壞，然而重塑河景的物種很多，他們只是其中兩種。智人直到人類世才透過組織國家與帝國，真正主宰了河流地景的工程改造。

十九世紀人類世的興盛與在地河川景觀的衰微，標誌著兩起改變世界的事件：工業革命，以及國家重塑自然為單一物種謀取利益的決心。工業化，包括化石燃料革命，大幅增加了人類干預自然的力量。炸藥、搬運土石的重型機械與鋼筋混凝土，這些發明結合起來，使得人類有可能大規模改造河景。這種新發現的力量，有許多來自於內燃機，因此改造（*engineering*）一詞算是恰如其分。內燃機的出現，可說是人類試圖馴服火的極致表現。如果說在早期年代我們被迫要「跟著」河流移動，那麼到了現在，情勢已經逆轉，人類已經掌握「移動河流」的能力。雖然這種對河流的支配，仍無法像工程烏托邦所預言的無所不能，但不可否認的是，過去人類不斷被反覆無常的河流玩弄，今日卻有機會成為河流的主人，讓人類有了大權在握的陶醉感。一旦手中有了改造地貌的工具，我們便不再詛咒河流的不可預測與變化多端，現在似乎可以依據需求設計整條河流。人類主宰了自然！

想要讓河流迎合人類，背後勢必得有一套權力結構。權力結構一方面決定了河流的目的，另一方面則集結必要的資源與計畫來執行。這個權力機制指的當然就是帝國或現代民族國家。有兩項同時並行的發展，點燃了人類大規模改造地貌的熱情。首先，高度現代主義在機械、摩天大樓、飛機、製造生產與工業化學領域獲得劃時代創舉，在這個氛圍下，工程學與水文學這兩門專業領域也開始蓬勃發展。人類想根據自身目的重新設計自然的野心，似乎變得比以往更加來得真實可行。[1] 第二個因素是俾斯麥帶領下產生的一種近乎普世的情感，人們相信，無論是獨裁政體還是類似民主的體制，國家的目的都是增進人民的福祉。[2]

本章主要有兩個目標。第一個目標是描述過去一個半世紀以來，伊洛瓦底江最顯著的工業規模轉變。這些轉變實際上可以算是人類世充分發展的效應，因為這些轉變都是仰賴現代科技才得以達成。第二個目標是進一步詮釋人類與國家如何改造複雜的水文與生物系統（也就是我們所說的「河流」）以服務單一物種，以及改造背後的廣泛意義與影響。可以想見，這種干預的邏輯非常有助於廣泛理解現代人與自然的關係。

衰退的漁獲量：非法捕撈與汙染

過去數十年來，地方討論最常出現的主題是魚群減少，有些受歡迎的魚種幾乎完全消失，捕獲的魚清一色是較小較年輕的魚。茂茂烏與奈因頓林再次訪談了漁民，從他們口中取得了關於捕魚技術、汙染與漁獲量廣泛減少的在地訊息。我編輯了敘事，使其較為簡潔明瞭。最初幾個故事是奈因頓林收集的。

提堅（Htigyaing）鎮以漁獲量豐富著稱，甚至超越了印瓦。提堅與印瓦都是在十一世紀建立的用來擊退入侵者的要塞城鎮。兩地逐漸凌駕鄰近的聚落，成為規模較大的城鎮。

根據提堅當地人科頓昂(Ko Tun Aung)的說法，在一九八〇年代以前，漁獲量一直非常驚人。任何人手中只要拿著抄網（當地人稱為yet-the），就能在短短幾分鐘內毫不費力地捕到四磅重的魚。這個地區的地勢不平坦，上面零散分布著幾處類似河道的低窪地形，在雨季時，這些低地會積滿洪水或雨水。這些低地並未與河流相連，一旦雨季結束，這些低地就成了魚群避難的地方。穌卡拉瓊（Hsou-Ka-La Chone）這種植物可以提供魚群棲身之所。要捉這些魚，要先用竹條編成陷阱，當水退時，這些竹條會阻擋魚群返回河中，如此就能順利捕獲這些魚。

過去漁民會挖掘一個深五英尺、長寬各十英尺的坑洞，用來儲存漁獲。當魚游過陷阱時，漁民會直接用手捕捉這些魚，然後放入坑洞中。當坑洞裝滿魚時，漁民會敲響掛在附近的銅鑼，通知村民過來分享漁獲。漁民會賣掉一部分的魚，剩下的就放在坑裡，撒上鹽，待日後使用。還有一些魚在醃漬之後被拿來販售到全國各地。不過，當地人對於沒有鱗片的魚敬而遠之，他們只捕撈有鱗片的魚。最受重視的魚是鯷魚，然而人類活動破壞了淡水生態，導致鯷魚愈來愈少。

一九八〇年代晚期之後，淡水魚數量開始減少。人們移居到這個區域並且破壞魚群與棲地，魚群數量加速萎縮。庇護淡水的植物遭到破壞，導致魚類與其他水生物種大量減少。原木生產，特別是從季風森林砍伐有價值的柚木與其他硬木，則大幅度增加。各種淘礦模式，不論是小規模的黃金淘洗，或是大規模開挖河床，都進一步破壞了整個生態系統的平衡。

這段時期，魚類的繁殖率也直線下滑。魚類為求生存，開始往上游遷徙。一九八八年後，魚類逐漸遷往八莫，提堅—米亞當（Htigyaing-Mya Daung）地區的魚類變得稀少。魚類為了生存，只得尋找較不危險的棲地。由於漁業與地方社群的生活方式息息相關，當漁業經濟衰退，便會使地方常見的儀式與典禮也開始式微。舉例來說，一九八八年左右，在提堅鎮附近，政府為了生產與運輸原木，便將河邊的平原整平。在工程過程發現一條伊洛瓦底江豚擱淺在伐木灣中死亡。當地人遵守禁止殺害江豚的傳統，希望能埋葬死去的江豚，長輩堅信為了取得魚油而屠宰江豚將會帶來厄運。遺憾的是，他們的習俗與心願無人傾聽。第二天，這條死去的江豚被大卸八塊。雖然肢解江豚帶來的後果無人知曉，但後來整座伐木灣卻因為雨季來臨而遭到河流侵蝕破壞。

* * *

科皎桑（Ko Kyaw San）現年五十四歲，他從七歲起就跟父親一起搭小船在伊洛瓦底江上捕魚。等他長大之後，力氣足以讓他在河岸上拉著船頂著水流往上游走，這種做法直到一九九〇年代中期為止都非常普遍。他們每隔一段距離就會停下來，策略性地將他們的魚網（大約一百到三百英尺長）固定在河流淺河床的木樁上。在當地做了記號後便繼續往前走。

伊洛瓦底江漁夫有一項傳統儀式，那就是在飯前先將飯菜供奉給當地的「納」。這項儀式是希望得到「納」的庇佑，使漁夫們能夠平安豐收，避免潛在危險。吃過午餐，短暫休息之後，漁夫會在下午再度撒網捕魚，直到黃昏為止。晚上，漁夫會在離魚網不遠的沙洲找個適合的地點睡覺。特別的是，他們會避免睡在農地附近。

晚上安頓下來之前，他們會在地上畫一個圓圈，再次敬拜當地的納，請求納允許他們留下。這個儀式能讓他們有安全感。

整個捕魚的過程可能持續超過一個星期，一切都要依捕獲的狀況而定。一旦捕到魚，他們會拿到市場販售，然後便移動到下一個地點，再次撒網捕魚。他們持續工作，直到賺到的錢足夠養家為止。

茂茂烏的採訪從這裡開始。

在一九八八年之前，漁民一直恪守不成文的規定與傳統來保護魚群。他們避免在產卵與繁殖季節捕魚，讓魚群成長。漁民堅定的道德操守決定了他們的行為，包括將不遵守這些規定的人逐出這一行。他們認為遵守這些規則不僅符合倫理，也能避免被貼上非法捕撈的標籤。

每個魚種的捕魚方法天差地別，若不小心捕到小魚，就要把小魚放掉。例如長鬚鯰魚，又名*Nga-gyaung*（*Sperata aor*，刀諾鱨），要捕捉這種魚，必須以活蝦做餌。在魚線上綁個魚鉤，然後掛上活蝦。魚線的兩端綑著石頭，再讓魚線沉入河床。第二天，漁民會從船上使用帶鉤的繩子將魚線鉤起來。同樣的方法也可以用來捕捉河鯰（*Cephalocassis jatia*，*Nga-yaungs*），但用的餌不同，要用當地生產的肥皂（Shwe-wah）當餌。

若要引誘白鯰（*Nga-myins*或*Silonia silondia*，又稱西隆鯰），必須以鄰近湖泊的蛾類當餌。由於這種魚類棲息在淺水中，因此魚線會固定在已經插入淺水裡的竹樁上。

東方鱧（*Nga-yan-goungdos* 或 *Channa orientalis*，意為行走的蛇頭）要用活蟋蟀來捕捉，鉤子要用線吊在竹樁上，讓蟋蟀懸掛在水面上。東方鱧看到水面上有獵物，會跳出水面吃餌。東方鱧力量很大而且敏捷，牠們會連同竹樁一起拖走。漁民必須眼明手快，以免東方鱧溜走。

伊洛瓦底江也有淡水魟（*Urogymnus polylepis*，巨型淡水魟），但現在幾乎已經滅絕。過去，這種魚類要用燒紅的鐵鍊來引誘，因為剛從熔爐出爐的鐵塊氣味能吸引牠們。根據漁民的喜好不同，使用的餌也會不同。

漁民不是一整年都在河裡捕魚。他們會根據伊洛瓦底江季節性漲落來調整捕魚方式。四月底，當河水開始上漲時，漁民會在洪水退卻後的農田地區，在水的邊緣用竹子設置陷阱。當雨季來臨，河水淹沒整個田野，漁民開始設置魚網與魚線。從七月到九月的雨季高峰期，漁民停止捕魚。他們會在十月，也就是魚類的產卵與繁殖季結束後，才開始捕魚。漁民根據他們捕捉的魚類而分成不同類型。有些人喜歡捕捉體型較大的魚類，有些人喜歡撒網捕捉體型中等的魚類，有些人喜歡用刺網捕捉表層魚類。

這些傳統利於維持河流的生態平衡，可以確保魚群健康。然而之後的經濟困難與政治動盪破壞了整個國家，導致以往的做法蕩然無存，雖然這些習俗有時被認為過時，卻曾經保存了我們現在失去的一切。

以下是奈因頓林的描述。

科皎桑是個博學多聞的漁民，他住在伊洛瓦底江江上一座名叫桑伯（Than Bo）的小島上，位於曼德勒的西邊。科皎桑認為目前的漁獲量僅僅只有一九八〇年代的兩成，原因主要出在捕魚方式變了。身為資深漁民，科皎桑認為現在的漁民過於魯莽與殘忍。現在的漁民看待河中魚群的方式，與科皎桑那一輩的漁民完全不同。每個人看待捕魚這個行業的理由皆不同，但今日人們的看法完全是因為魚群稀少。當漁民只能仰賴捕魚為生時，他們只能盡其所能地捕撈最多的魚。

以下是茂茂烏的發現。

捕魚方法包括電擊，也就是使用政府不允許的設備，從上游下毒，還有在開放捕魚的溪流使用炸藥，此外還有很多做法。這些漁民拚了命想捕到魚，因此做了這些殘忍的事。

當地人認為伊洛瓦底江魚群減少還有別的原因。伊洛瓦底江沿岸的曼德勒、八莫與其他城市將家庭汙水與工業廢水直接排放到河中，造成嚴重問題（太公附近的茂貢〔Maungkone〕工業區排放的工業廢水，嚴重危害了伊洛瓦底江及其氾濫平原）。他們把工業廢水排放到溪流與小河，彷彿他們並未將廢水排放到大河，然而這些溪流與小河卻連接著伊洛瓦底江。伊洛瓦底江沿岸的金礦是化學汙染的主要來源。黃金需要使用汞與氰化物加以提煉，留下的化學殘渣通常就堆放在河邊。雨季時，突然的傾盆大雨將廢棄物沖刷到河裡，汙染了河流。此外，採礦船任意棄置礦渣也造成河流改道。因此，沉積物的形成不只來自於沖積，也來自於挖掘河床產生的粗大砂礫，導致在裸露島嶼上工作的農民無法把握洪水退卻的時機耕作。這些也嚴峻地破壞了伊洛瓦底江水中生物棲地。

內陸河港也威脅了當地人。無論船隻大小，港口經常發生燃油灑入河中的意外，汙染了河岸與河水。

瑞傑耶（Shwekyetyet）碼頭位於兩條橫跨伊洛瓦底江連接曼德勒與實皆的橋梁附近，這裡是運輸建材、燃油、煤、木材與其他大量商品的重要港口。從二〇〇四年開始，這裡的各項活動嚴重破壞了河流周邊地區。當油輪在碼頭邊把油運送上岸時，經常發生嚴重的漏油事件，汙染了河水與土地。拾荒的孩童在棍子上綁上海綿，用來吸收潑灑出來的汽油，然後將這些稀釋的汽油擠到桶子裡，拿去販售。這裡沒有魚，河水充滿了刺鼻的燃油味，民眾再也不會到河裡洗澡或洗衣服。

水上交通產生的波浪也破壞了棲地，只是這點比較少人注意到。船隻的行駛速度是有限制的，但許多駕駛員無視規定，在河岸邊高速行駛，使得河岸遭受侵蝕。德達烏鎮（Tada-U）有個彭那昌村（Ponna-Chan，意為婆羅門的牧場），該村的河岸因為船隻的尾波而侵蝕崩塌。

伊洛瓦底江遭受工業規模的衝擊

在詳細介紹工業規模科技造成的廣大干預之前，我們還是要指出，人口擴張、為了從事農業而進行整地與實施灌溉工程，以及前述提到的燃油汙染問題，這些影響在人類世依然不斷發生。事實上，十九世紀末與二十世紀的人口爆炸，大幅擴大了這些衝擊，讓災害不斷累積。無論在殖民地還是獨立國家，世界各地都試圖運用新的工具改造河流，光是人口成長本身就讓森林砍伐加

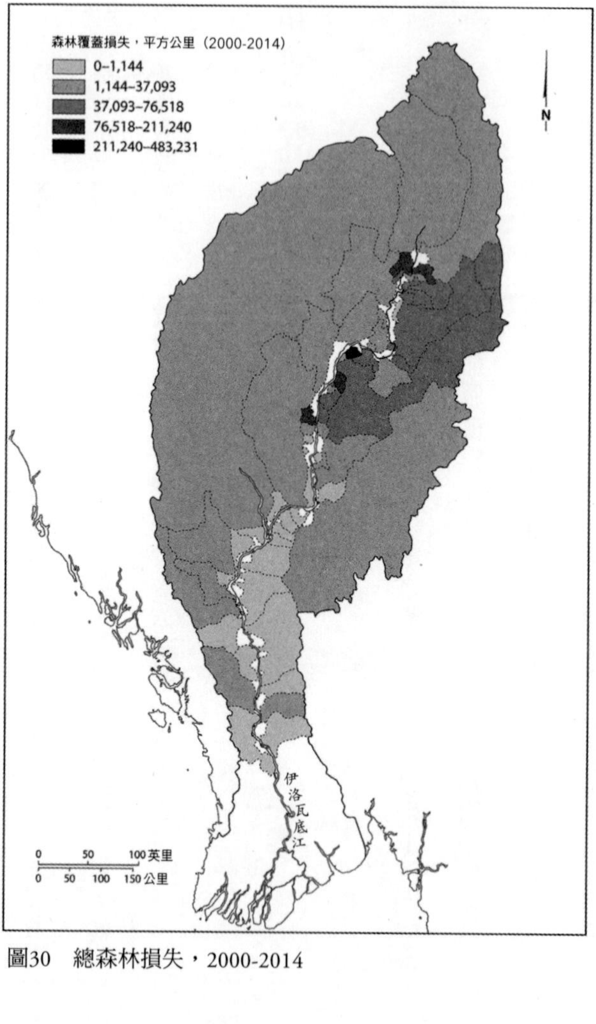

圖30　總森林損失，2000-2014

劇，因為需要更多農地和燃料養活人口。在薄人類世，人類已經改變河流周邊的地貌，到了厚人類世，情況更是一發不可收拾。森林砍伐已經進行得如火如荼，現在更因工業發展而進一步加速。附圖只顯示了二〇〇〇年到二〇一四年這十四年間的森林損失，然而這是一種歷史矇騙，因為乾燥區早在這段時間之前就已經遭受嚴重的森林砍伐，到了這個時期反而看起來沒那麼嚴重。這個時期的森林砍伐主要集中在伊洛瓦底江流域的上游支流地區與下游三角洲的紅樹林。

在這段時期，人口的增長也暗示了人類需要砍伐森林與抽乾溼地。對緬甸現今人口所做的估計顯示，緬甸人口大約在五千五百萬人左右。[3] 一九〇〇年的緬甸人口是一千零三十萬，現在的人口已是當時的五倍。與全球南方絕大多數地區的人口成長一致，一九六〇年以來，緬甸人口已經增加超過一倍。然而緬甸的人口成長是否算是人類世效應，還有待討論。

然而，緬甸人口急速增加對河流周邊地貌的影響則無庸置疑。今日，伊洛瓦底江盆地剩餘的氾濫平原與溼地，只剩下一九四八年緬甸獨立時估計面積的四分之一到三分之一。[4]這些季節性棲地的喪失，使生物多樣性與個體數量下降，帶來了我們難以完全掌握的災難性生態影響。當這些棲地消失，洪水脈動帶來的橫向連結也隨之瓦解，但洪水脈動是河流生態的肺。絕大多數棲地都是在近數十年喪失的。根據估計，一九九〇年到二〇一〇年這二十年間，整個盆地的森林覆蓋面積損失了兩成，我們可以合理相信，之後森林覆蓋面積損失的速度只會更快。絕大多數的損失集中在三角洲，還有欽敦江、穆河、密埃河與瑞麗江這些支流流域。光是一九九五年到二〇〇五年這十年間，下游三角洲的紅樹林就減少了整整百分之二十。

表2顯示在伊洛瓦底江盆地發現的森林類型與這些森林遭受嚴重危害的程度。森林的損失，與人口和定耕農業（乾燥區）逐步集中密切相關。溼潤落葉林、淡水沼澤森林與乾燥區，總和起來相當於四成的盆地河流森林遭到砍伐或

表2　森林類型

生態區編碼	生態區名稱	世界野生生物基金會名稱	狀態	區域比例
PA1003	東喜馬拉雅高山灌木與草甸	高山草地與灌木叢	相對穩定／無危	1.5
IM0402	北三角溫帶森林	溫帶闊葉林與混合林	相對穩定／無危	2.6
PA0516	怒江、瀾滄江峽谷高山針葉林與混合林	溫帶針葉林	危急／瀕危	2.1
IM0109	欽山、阿拉干山脈山地森林	熱帶與副熱帶溼潤闊葉林	危急／瀕危	4
IM0401	東喜馬拉雅闊葉林	溫帶闊葉林與混合林	相對穩定／無危	0.1
IM0119	卡亞－卡倫山地雨林	熱帶與副熱帶溼潤闊葉林	相對穩定／無危	0.1
IM0131	米佐拉姆－曼尼普爾－克欽雨林	熱帶與副熱帶溼潤闊葉林	易危	14.7
IM0132	緬甸海岸雨林	熱帶與副熱帶溼潤闊葉林	易危	3.6
IM0303	東北印度—緬甸松樹林	熱帶與副熱帶針葉林	危急／瀕危	2
IM0137	北印度支那副熱帶森林	熱帶與副熱帶溼潤闊葉林	易危	15.5
IM0140	北三角副熱帶森林	熱帶與副熱帶溼潤闊葉林	相對穩定／無危	12.9
IM0117	伊洛瓦底江溼潤落葉林	熱帶與副熱帶溼潤闊葉林	易危	27.6
IM0205	伊洛瓦底江乾燥森林	熱帶與副熱帶乾燥闊葉林	危急／瀕危	7.7
IM0116	伊洛瓦底江淡水沼澤森林	熱帶與副熱帶溼潤闊葉林	危急／瀕危	3.5
IM1404	緬甸海岸紅樹林	紅樹林	危急／瀕危	2.4

資料來源：Charles-Robin Gruel, Jean-Paul Bravard, and Yanni Gunnell, *Geomorphology of the Ayeyarwady River, Myanmar: A Survey Based on Rapid Assessment Methods* (Washington, DC: World Wildlife Fund, 2016), table 3, pp. 17-18.

瀕危。人類的改造工程使得河流無法每年淹沒氾濫平原，而原本能滋養森林的河水，也被用來灌溉種植在排水良好土地上的乾季作物。路堤與堤防以及具有蓄水功能可用來灌溉的水壩，將整條伊洛瓦底江包圍起來，把提供河流周邊與水中生命的季節性溼地與棲地消除得一乾二淨。光是在三角洲，路堤與堤防就長達二千一百公里。在工程科技的推波助瀾下，造成了「大乾涸」。附圖顯示透過河水以及水壩來灌溉乾季作物的分布範圍，可以清楚看出工業科技與蓄水如何將水資源重新分配給人類。

可進行水力發電的水壩出現的年代較晚，也較為資本密集，水壩需要大量鋼筋混凝土，國家就算未直接出資，也會大力支持。水壩總是攔腰截斷河流的垂直連結，幾乎無一例外。這類水壩建在各個支流上（例如穆河、欽敦江、密埃河、瑞麗江、邁立開江與恩梅開江），卻沒有任何水壩建築在伊洛瓦底江的主流上。[5] 水壩對於河流水文以及動植物的影響非常巨大。水壩使營養的沉積物無法順利抵達下游的氾濫平原；也減少了雨季高峰期的河流水量，導致洪水

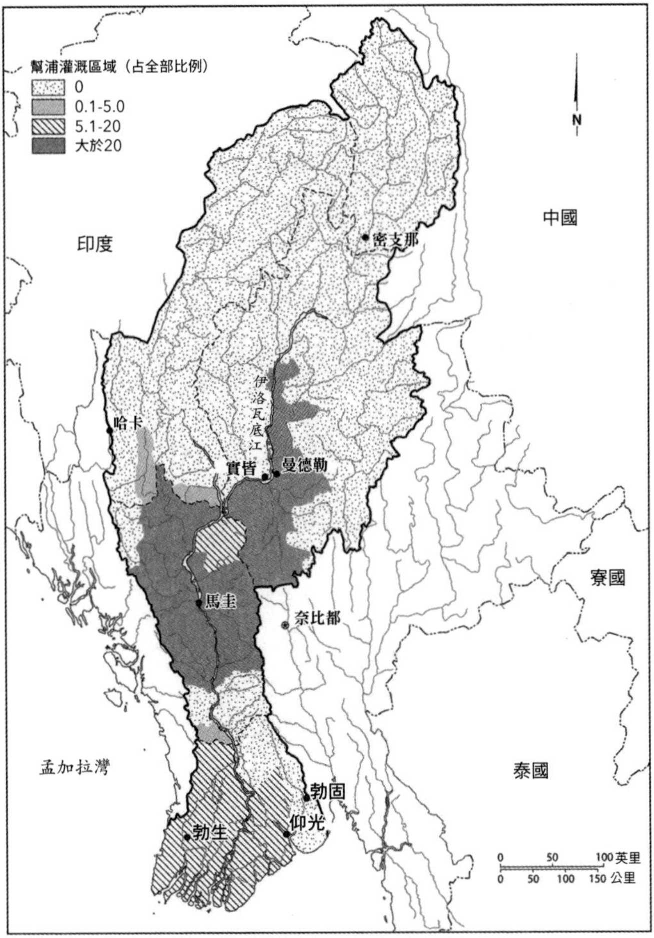

圖31　伊洛瓦底江盆地的幫浦灌溉區域

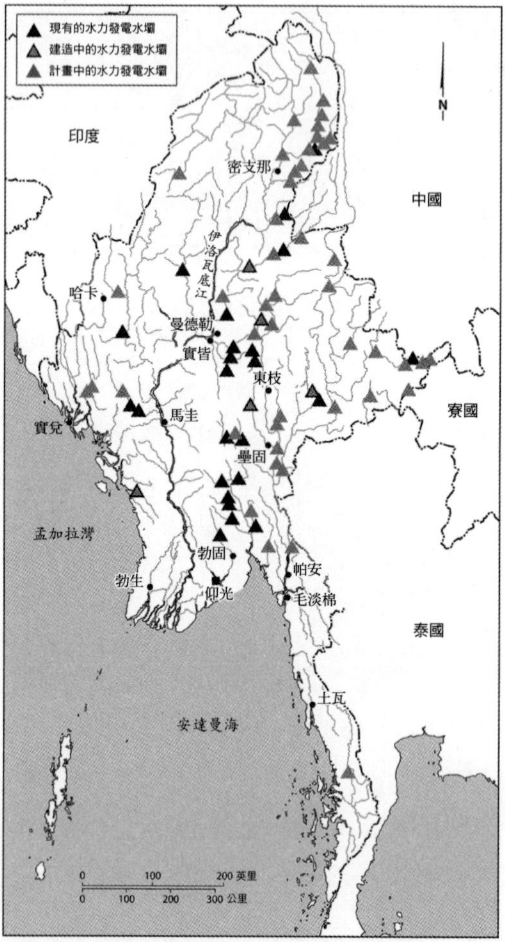

圖32　伊洛瓦底江盆地的水力發電水壩位置

淹沒棲地形成季節性溼地的範圍大為縮減；水壩形成靜止的水庫，裡面的生物含量與多樣性遠不如原本的流動河水；此外，水壩也阻擋了遷徙魚類的去路，使其無法到上游產卵。一旦水路受阻，河流的營養將不足以養活種類龐雜與數量眾多的鳥類、水禽、兩棲類、爬蟲類與哺乳動物。

巨大的水壩可說是最現代的河流監獄，但防止河流淹沒氾濫平原的堤岸、堤防與路堤，也衝擊了河流水文的發展。與水力發電水壩不同，堤岸與堤防並非工業時代的發明。它們早在定居農業開始時就已出現，農民為了避免作物與房舍被雨季洪水與暴雨破壞，於是興建堤岸與堤防。工業時代的堤防與堤岸的特別之處在於，高度相對較高，而且動用了可以搬運土石的重型設備，此外國家的資助力量，也遠超過整個村子同心協力的成果。據我所知，目前並沒有涵蓋整個伊洛瓦底江流域的路堤與堤岸地圖，因為像二〇〇八年納吉斯（Nargis）颱風這類特大洪水與風災會週期性地摧毀現有堤防。[6] 目前能找到路堤最多的地圖，是一張根據二〇一七年流域評估調整後的過時地圖，還僅限於三角洲地

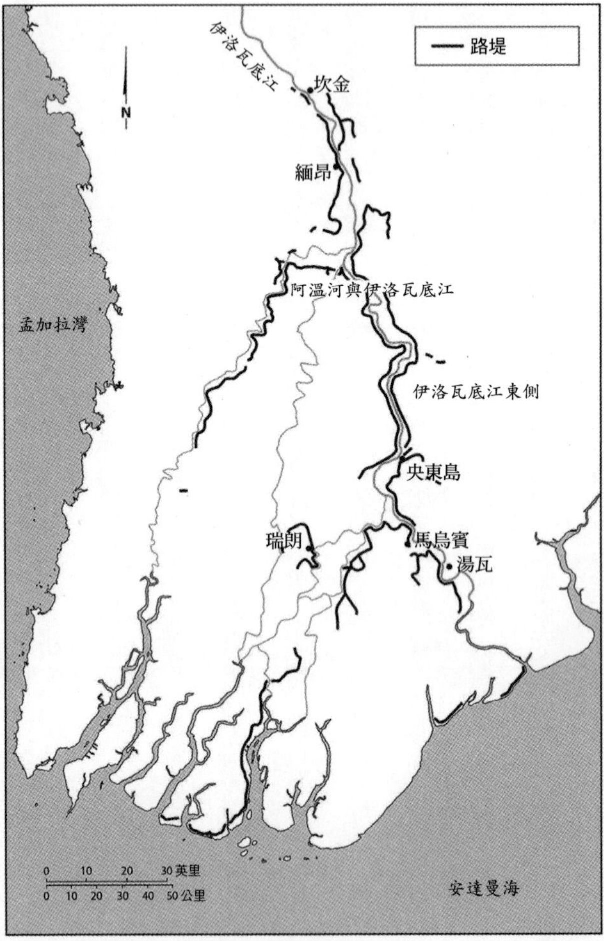

圖33　伊洛瓦底江三角洲地區路堤

區。

三角洲許多路堤都修建成馬蹄形，藉此將雨季洪水引流到聚落與農地邊緣。短期而言，這是個有效策略。但長期而言，路堤本身反而會成為危險因子，就像許多防洪設施一樣。當河水與沉積物被引流到馬蹄外側，持續沉澱的沉積物會使外側土地高度不斷抬升，最後遠高於路堤保護的內側土地。結果，當遭遇大洪水時，堵塞的水流將會倒灌到馬蹄形路堤的內側土地，摧毀作物與房舍。

到目前為止，我們一直討論伊洛瓦底江遭到囚禁的問題：一方面是限制河流垂直移動，例如水力發電水壩；另一方面是限制橫向擴散，例如路堤與堤岸。那麼，一旦伊洛瓦底江遭到包圍，會發生什麼事？這些河水會產生什麼樣的工業效應？

簡單的回答是，在工業時代，伊洛瓦底江的汙染會大幅成長，之後將威脅或直接毀滅整個流域與河流生物所需的棲地。汙染的主要來源是採礦，包括金、銅、鎢、鉛、鋅、銀、鎳，而近年來甚至開始開採大量砂石。在工業革命

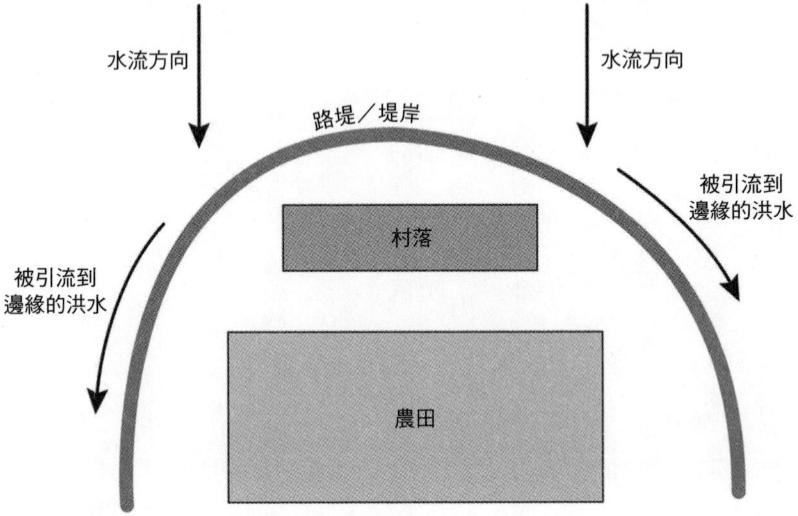

圖34　村落、農田、堤岸與三角洲的模式

之前，金礦的開採仍是手工規模，直到今日速度才變得飛快，然而無論如何，開採金礦離不開汞（數千年來，人類一直用汞來提煉黃金），因此汞成為主要的汙染來源。工業科技進一步加速了汙染速度，更大幅擴大了流域效應。手工採礦的速度遠遠不及挖泥船與裝設了發動機及液壓幫浦的大型平底船，這些新工具可以從河岸與河床開採與搬運大量含有礦石的土壤來提煉黃金。整個流域到處都在採礦，摧毀了植物，留下寸草不生的廢土礦渣，甚至造成了汞與氰化鈉的汙染。由於手工開採金礦幾乎不需要資本投入，因此在今日軍政府統治下，這依然是許多毫無立足之地的貧困緬甸人維持生計的方式。

緬甸是個獨特的混合體，在工業時代之前，已經有數百年的採礦傳統，例如盛產黃金、玉石、藍寶石與紅寶石；工業時代後，各種興盛的採礦事業在緬甸快速發展，例如出產天然氣、石油、鎢、銻、鉻與各種稀土。能夠控制這些礦區，就表示能獲得豐厚的收入，因此這些礦區成為爭奪的目標，不論是軍事政權，還是企圖推翻軍政府的少數民族武裝團體與盟友緬甸武裝民兵，都試圖

圖35　開採金礦

搶下這些城池。就像無止境地砍伐柚木森林一樣，雙方都毫無限度地開採礦石，因此嚴重破壞了整個流域的環境，河流周邊地區的生物也陷入萬劫不復的境地。

過去十年，大規模開採砂石對伊洛瓦底江的流域地貌造成的影響史無前例。這種大規模開採，只有在先進的工業化之下才有可能進行。重型機械在河中挖掘砂石，然後依照使用目的分類，有些用來製造混凝土，有些則作為玻璃材料，之後以平底船運送，販售到國內或鄰近國家作為建築土方或鋪設道路的材料，或者是充當排水良好的地基來建造新建築物。開採砂石對伊洛瓦底江的水文、河床以及在河流與河流周邊棲地生活的生物，造成了微觀與宏觀的影響，這些影響極其龐大，卻直到最近才獲得重視。沉積物的運送（也就是沉積物脈動）原本是河流的天然功能，但當人們開始開採砂石，運送這些沉積物便成了資本主義的商品，用來販售給當地或國外使用。這幾乎可以說是把「河流」這個自然的群聚與動態過程，拆解分割成一項項可以收穫販售的自然資源，這

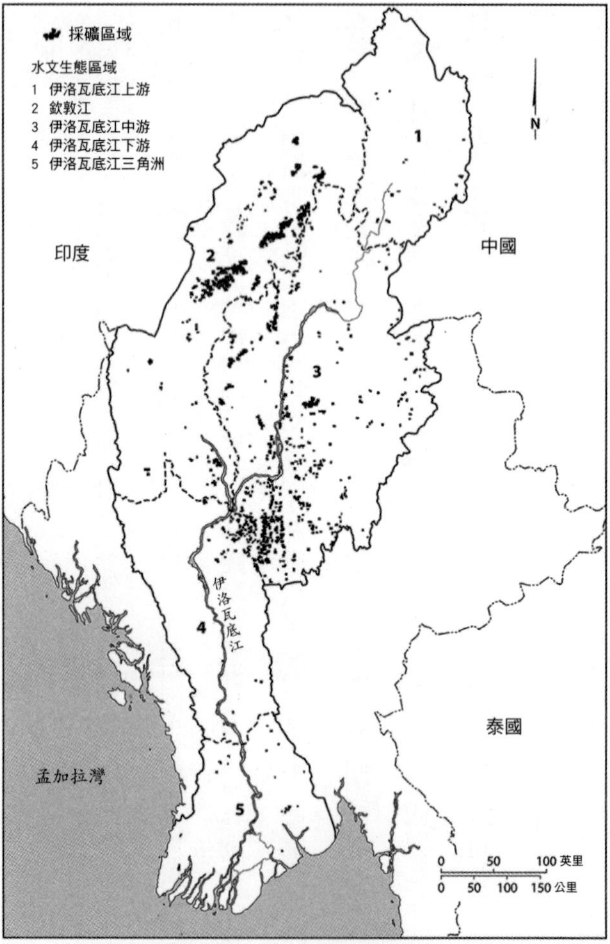

圖36　伊洛瓦底江與欽敦江流域的採礦活動

似乎就是人類的終極目標。魚類、節肢動物（蝦）與軟體動物長期被人類捕捉販售；水也被利用販售並且用來灌溉；如今就連河床與河岸也被當成商品加以開挖販售。

過去數十年來，伊洛瓦底江與支流的河水已經比過去更毒且汙染更嚴重。直到最近為止，緬甸的工業化程度一直相對偏低，在工業汙染上也比其他已開發國家流域如湄公河來得輕微。

「工業汙染」一詞不僅適用於工業本身，連現代農業也同樣適用。緬甸有許多農業土壤雖然從各方面來看仍相當肥沃，卻缺乏氮磷，這兩種元素都是工業生產肥料的關鍵，緬甸因此進口了大量肥料。要在同一塊農地上持續種植水稻與豆類植物，同時還要維持產量，就必須不斷施肥。隨著河流周邊地區開墾的面積擴大，肥料的使用量也隨之增多，結果造成整個盆地到處流淌著肥料殘渣，還有未經處理的生活汙水與工廠大量排放的有機廢水，這些汙水共同形成季節性的死區。只要河流被當成未經處理的工業廢水排放口，這種慘狀就會愈

圖37　開採砂石

來愈常見。大量的有機廢棄物超出了河流的氧化分解能力時，所有仰賴河流氧氣維生的生物都會陷入危險，包括許多魚類、甲殼動物、昆蟲幼蟲與蛹。

工業化的伊洛瓦底江不僅因為有機物質而缺氧，更糟的是，更多有毒物質傾倒河中，使伊洛瓦底江的毒性愈來愈高。鹽、金屬、消毒劑、黏著劑、合成樹脂、染料、多氯聯苯（用來製作電路、電纜與潤滑劑）與甲醛，是常見的有毒汙染物，而且逐漸汙染了整個伊洛瓦底江。當然，這些有毒物質絕大多數出現在製造業中心，如曼德勒、實皆、木各具、蒙育瓦（Monywa）的下游地帶，以及整個仰光大都會區。使用化學用品的工業化農業產生的廢棄物，雖然毒性沒那麼高，但對整個流域的生物更致命。緬甸從二〇一〇年經濟開放以來，就開始大量進口與使用殺蟲劑。緬甸稻米產量受到線蟲（無脊椎生物，是一種蛔蟲，也是地球上數量數一數二多的多細胞有機體）的威脅，因此只要是種植稻米的地方，就會廣泛使用有機磷殺蟲劑。除此之外，除草劑、真菌劑、燻蒸劑、驅蟲劑與殺鼠劑也被廣泛運用在其他耕作區。當然，殺蟲劑不會「只」殺死目

表3　根據使用與毒性訂定的殺蟲劑危險程度

	人體健康	水中生物	水中生物	水中生物	陸地生物	陸地生物	陸地生物
殺蟲劑	哺乳動物	魚類	甲殼動物	藻類	鳥類	蜜蜂	蚯蚓
陶斯松	非常高	非常高	高	中度	高	高	中度
乙酰甲胺磷	中度	中度	中度	低	低	中度	低
賽滅寧	中度	高	高	中度	低	高	中度
克百威	高	中度	高	中度	高	高	中度
賽洛寧	高	高	中度	中度	低	高	中度
樂果	中度	中度	中度	低	高	高	中度
陶斯松+賽滅寧	非常高	非常高	高	高	高	高	高
吡蟲	中度	中度	中度	低	高	高	中度

標蟲子，凡是接觸到殺蟲劑的生物也會被傷害。因此，當大量殺蟲劑殘餘被沖刷到河裡，原本食用未受汙染的動植物維生的水中生物、哺乳動物與鳥類，生命也一併遭受威脅。多虧了對伊洛瓦底江狀態的全面研究，我們才得以估計廣泛使用殺蟲劑造成的相對危險程度。

第五章　非人類的物種*

水是基本的河流「物種」。難道它無法因此獲得不可讓渡的權利，去探視溼地、樹沼、氾濫平原這些屬於它的子嗣？

——詹姆斯．斯科特

* 譯注：本章提到非人類的生物時，我不是使用牠們或它們，而是他們，因為本章是以他們為主角來發聲。

圖38　伊洛瓦底江豚

伊洛瓦底江豚（*Orcaella brevirostris*）上場

你也許已經知道，我屬於嚴重瀕危物種。我受到河流地區朋友（嗯，絕大多數算是朋友）之託，要我代表他們發言，因此不請自來，參加你們人類的城鎮會議。我對自己的唐突表達歉意，但我與朋友們是生活在河流的主要生命，尤其他們的生活世界就是「河流本身」與河流的氾濫平原。為什麼沒有一開始就邀請我們呢？將我們排除在伊洛瓦底江的討論之外，不僅高傲，而且必將無法充分理解河水賦予生命的本質，實在令人遺憾。就像我不請自來參加這場會議，接下來我也將單刀直入，直接擴展討論主題，事實上，我還打算讓更多物種參與這場會議。

為什麼選擇我來代表他們發言？這個嘛，原因很明顯。我是哺乳動物，而且是深具魅力的哺乳動物，我在伊洛瓦底江「裡」生活。每當人類討論到伊洛瓦底江盆地的瀕危物種時，我們江豚總是第一個被提及。坦白說，我的河流夥伴與我也認為，你們身為哺乳動物，相較於鳥類、魚類、爬蟲類、兩棲類、甲殼類、軟體類或昆蟲，更不用說植物、藻類或微生物，你們應該會更願意聆聽其他哺乳動物的心聲，例如我。然而前面說的那些物種才是絕大多數的河流公民，因此，我的發言與其說代表江豚，不如說代表了河流公民全體的意見。

當然，我的河流夥伴與我必須坦承的是，我們並未獲得允許就直接使用了幾個世代以來自然學家、植物學家、動物學家、民族學家、生物學家、漁民、獵人、採集者、農民與其他試圖了解我們的生活、習慣、歷史與連結的人的紀錄。所以，從我口中說出來的終究是智人（充滿好奇心的人、科學家、工程師，還有保護者與掠奪者）的發現，更不用說還有作者在本書收集的各種資料。這麼做很合理，因為你們人類也是河流公民。因此你們也有權發言。但在近數十年來，你們表現得彷彿你們是唯一擁有伊洛瓦底江盆地的物種，因此認為自己有權使用手中的強大工具，為了「自己」的短期利益而改造整個盆地。

我們制定了一個計畫來呈現非人類河流生命的觀點。讓我們想像，在每一場地質學家召開的河流社群會議上，地質學家都會提出在地質學與水文學上詳盡的科學報告，而出席的非人類則發表他們的經驗與利害關係。白話文就是，做出回應。[1]我們想引起人類關注，因此我們會著重在他們最了解的物種，因為這也是他們重要的生計來源，特別是魚類。然而那些較不為人知物種的意見也十分重要，不僅包括軟體動物、鳥類、兩棲類與爬蟲類，還包括昆蟲、微生物與浮游植物等種類繁多的物種，他們是支撐起河流生命力豐沛的金字塔基礎。最後提到的這些物種從未成為市場商品，因此從未做過成本效益分析，但沒有他們，河流將會死亡。

我要對湧入你們社區中心的大水造成的不便致歉，因為這導致你們的下半身全泡在水裡。伊洛瓦底江的「納」也是我們崇敬的神靈，祂們

圖39　雪鯉

規畫了這場短暫的洪水，好讓我們的河流公民也能平等參與這場會議，一如你們需要空氣，我們需要水。別擔心！一旦會議結束，「納」會讓大水退去。

伊洛瓦底江地質學與水文學大規模研究的作者群召開了社區會議，從河的源頭開始，逐區往下游聆聽沿河城鎮與村落對河流的看法。然後他們統計摘要收集到的說詞，並直接引用原話呈現。我們這些非人類的河流公民，將利用這些引用的話語作為開頭，讓受影響的物種提出自己的觀點，來回饋人類的想法。我們非人類的物種種類繁多，每一種物種感受到的河流各不相同，因此我們的意見通常會與人類對伊洛瓦底江的看法產生分歧與矛盾。

雪鯉（盈江結魚〔*Tor yingjiangensis*〕，又稱 Tor Barb）的意見

政府指示，開採黃金與玉石時，廢土不許任意丟棄。

——密支那附近錫特普（Shitepu）的農民

如果繼續以這種速度開採礦石，我們將無法生存。我們被你們人類認定是特定的物種才不過二十年，提到我們，你們只知道我們遭受汙染威脅。因為氰化物與汞這兩種將黃金從泥漿中分離出來的物質，危害了我們的健康，導致我們的數量驟減。特別是侵蝕與砂礦開採（使用汽油液壓軟管來去除土壤）使大量沉積物鬆動，嚴重改變了水質、河床，假以時日甚至會改變河道。我們需要清澈、含氧與營養的冷水，而採礦提高了水溫，河水變得泥濘，讓覓食愈來愈困難。我們喜愛的產卵地點很多都消失了，全埋在沙子與淤泥裡。我們主食中有許多植物與昆蟲也消失了。我從遷徙的魚類朋友得知，這類採

圖40　雪鰣

礦遍及伊洛瓦底江與許多小支流。以這樣的採礦規模，即使進行更嚴格的管制也會讓我們這個物種滅絕。

我知道你們人類（或至少許多人是如此）重視乾淨的飲用水與健康的魚群，魚群繁殖得愈快，你們就能盡情食用。然而，你們對於漁獲量減少的反應卻對我們盈江結魚造成巨大危害，長期來說也對你們自己不利。你們許多人用電魚的方式捕魚，利用電池的電力或者使用氰化物讓我們癱瘓。這兩種方法都會無差別地殺死其他物種（昆蟲、植物、兩棲類、爬蟲類等等）。即使拒絕用這兩種方法捕魚，捕魚的網子也愈來愈細，就連還沒有產卵能力的小魚也遭殃。現在整個伊洛瓦底江盆地都是這樣捕魚。我們的存在遭受威脅。你們也許可以用這些捕魚的方法來避免漁獲量下降，但你們最終吃掉了未來用來播種的（河流）種子。

雲鰣（*Tenualosa ilisha*）的意見

如果我們捕捉小魚，那麼當然這些小魚無法長大。然而如果我不抓牠們，我就無法過活。

——皎廷村（Kyauk Tin）的漁民

我了解謀生的焦慮，但問題是，再這樣下去，恐怕我們雲鰣社群將活不下去。我們自知並非緬甸特有種（我們也是鄰國孟加拉的主食），但我們卻是緬甸人最喜歡吃的魚。身為鯡科的一種，我們富含omega 3脂肪酸。然而我們的數量愈來愈少，而且絕大多數都無法活到成年產卵。

是的，你們使用愈來愈細的魚網，我們有些會被電死與毒死，好讓你們漁獲豐收，然後賣到魚市場。然而即使沒有你們的掠食，我們仍遇到很大的麻煩。你們看，我們是橫向移動，隨著洪水脈動進入氾濫平原。我們與其他許多物種一樣天生喜歡遷徙，如果無法隨著洪水脈動垂直與橫向移動，我們便無法繁殖。我們依照季節遷徙，與河流同步移動，有些會在溼季來臨時沿著河流溯源數百公里，絕大多數會在洪水脈動時橫向移動，在營養豐富的氾濫平原以及年度洪水淹沒形成的暫時性溼地與池塘產卵。我們的子孫會在相對安全的回水區緩慢成長，直到他們成年便返回伊洛瓦底江與主要支流，然後游往大海。如此，我們的生命週期便完成了，物種將持續繁衍。

這是我們數千年來做的事，今日依然渴望這麼做。但在過去數十年間，你們用各種方式把我們圍住，監禁了我們，使我們無法繁殖。這便是即使你們不斷追捕，卻發現我們數量愈來愈少的主因。我們「必須」仰賴河流周邊有時潮溼有時乾燥的過渡地貌，但我們現在無法進入這些地方。在伊洛瓦底江支流的上游，你們的政府興建水壩，切斷了我們的遷徙路徑，擾亂了水流與水溫的信號，這些信號原本會告訴我們該何時遷徙、何時回鄉。支流的許多水壩完全阻斷了我們與其他魚類的生命週期，特別是雪鱒與鰻魚。雖然我們在歷史上是在海水與淡水之間來回移動與產卵的物種，但這些水壩把我們困住了。

所以，我的智人朋友，即使你們停止過度捕撈、電魚與毒魚，我們依然有可能滅絕。我們面臨的最大威脅是你們投入的農業，特別是稻田，你們會建造堤防與堤岸來保護農田不受洪水侵擾，我們卻因此無法進入溼地產卵。你們還建了水閘把水引到農田裡，導致我們無法繞過農田。你們把伊洛瓦底江盆地四分之三的氾濫平原溼地的水排乾，導致了大乾涸，並且強行將河水與天然的氾濫平原分離。當我們因此數量愈來愈少時，你們竟然還會感到驚訝與沮喪。只要你們放手不再干預，我們就感到心滿意足，然而我還是忍不住要指出，你們這麼做是重蹈覆轍，作法自斃，我們是你們的重要飲食來源，而你們居然讓我們的生存受到威脅。當你們創造出美味的雲鰣咖哩時，我們則提供了絕大多數的蛋白質、礦物質與維他命。沒有我們，光靠蝦子，還有你們最重要的調味料魚醬這種高碳水飲食，不可能活得久。沒有我們，你們也會完蛋，因此我們活著，你們才能活下去。

伊洛瓦底江豚的意見

我們仰賴雨水才能收穫，因為河水太髒了。

——伊洛瓦底江下游村民

跟去年相比，十五年前的水質還非常好。

——村子的助理衛生官員

輪到我轉換話題了。身為水生哺乳動物與所有河流流域生物的代表，我必須提醒你們，河流周邊地區的絕大多數公民，就算你知道他們，恐怕知道的種類也十分有限，更不用說了解。我無法介紹每個種類，只能簡單舉例，像河邊植物、昆蟲、藻類、軟體動物、蟲子、幼蟲、浮游動物與數以百萬計的微生物。

當你們智人談到伊洛瓦底江時，你們理所當然會談到水質、洪水與你們的作物

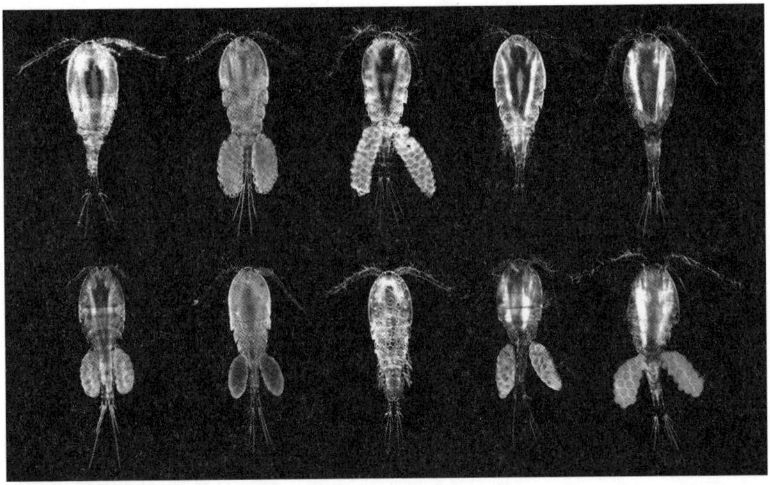

圖41　橈腳類

灌溉。當你們真的談到河流生物時，你們談的主要是魚，不是想抓魚然後拿去賣，就是想嘗嘗咖哩或魚湯麵裡的魚肉滋味。坦白說，像我這樣大型且飽受注目的水生哺乳動物，更常受到世界保育運動的關注，更別提我們還經常將魚群驅趕到魚網之中，增加你們的漁獲。

然而，當你們談到河流的狀態時，就算沒有聚焦在洪水危機或飲用水遭到汙染這類狹隘的人類事項，話題主角也常常是魚類，特別是具有商業價值的魚類。

你們吃魚。那麼魚吃什麼？答案因魚而異。有些魚只吃植物，有些魚吃其他的魚與浮游動物。絕大多數的魚則是雜食，也就是動植物都吃。有些魚是底棲攝食者，在河床上找尋食物（蟲子與微小的甲殼動物，如橈腳類）。

河流的健康、水質、你們食用的魚的健康，以及最終來說，你們自己的健康，全取決於這一大群肉眼幾乎看不見的生物，而這些生物也構成了河流食物鏈金字塔的基礎。接下來讓我介紹兩種接近金字塔底部的生物，你們這種陸生動物總是對這兩種生物視而不見。

白薑黃（*Curcuma candida*）的意見

與其他許多植物一樣，我相當吃苦耐勞。我需要「食用」的只有陽光，即使受傷了，只要多數根系保持完好，那麼通常都能恢復。不過，與其他植物一樣，我無法像魚類與鳥類那樣藉由游泳或飛行逃離危險。想要移動到新地區並殖民，我必須仰賴水流、草食魚類以及甲殼動物帶著種子移動。

與能夠移動的生物不同，我們水生植物在短期內仰賴扎根的環境，尤其像我們這種屬於過渡區的生物。為了成長，我們需要接近乾燥的土地來進行光合作用，但我們也需要每年由洪水脈動帶來富含營養的肥沃淤泥。樹沼與草沼是我們偏愛的棲地。想一想，我們的生命就跟你們人類的生命一樣：我們的花朵（「頭」）位於水面上，而我們的根（「腳」）位於水面下。我們就像擬人化的過渡

圖42　白薑黃

性生物。森林砍伐與排水都是為了把暫時性的溼地改造成農地，而堤防的興建圍堵了洪水，則破壞了我們絕大多數的棲地。這些不只是我們的棲地，也是準備產卵的魚類與水禽的棲地，因為這裡是安全的避難所，可以讓剛孵化的幼魚平安長大。雖然我們是許多物種的重要食物來源，但我們共同興盛繁榮。過去一個世紀以來，伊洛瓦底江的大乾涸實際上已經讓我們難以生存。

最近，已經所剩無幾的我們，遭受工業規模的侵襲，破壞了絕大部分的棲地。因此，我們被判定為短期內有機會滅絕的物種。大規模的開採砂石將我們掩埋在沉積物之下，改變了河床的構成與形式，汙染了剩餘的絕大部分棲地。我們面臨的威脅，其實就跟其他無法逃離危險並且在別處尋求更安全棲地的生物一樣。接下來就讓我介紹另一個同樣移動能力較差、面臨的狀況與命運也同樣受到智人忽視的物種。

軟體動物（*Lamellidens mainwaringi*）的意見

我們的命運與白薑黃類似，不過我們較少待在過渡區，而是更常待在河床上。我們的數量龐大，有許多是伊洛瓦底江及其支流的特有種。人類破壞我們的棲地，對我們造成尤其嚴重的威脅。砂石、黃金、稀土、玉石與鈦的開採產生的沉積物與有毒化學物質，將我們埋在土裡或毒害我們。現代農業也讓我們面臨滅絕的危險，肥料廢水、殺蟲劑、除草劑與真菌劑，更不用說製造業產生的化學物質、塑膠與生活汙水，全部都被排放到河裡。我們與溼地植物，例如白薑黃，可以過濾與固定

圖43　軟體動物

汙染物，因此能讓河水相對保持乾淨。現在我們的生存正面臨威脅，我們將無法繼續收拾你們留下的爛攤子。

伊洛瓦底江豚的意見

到目前為止，這些擅自參與你們智人談話並且發表意見的河流周邊地區公民，都是些生活在「水中」的生物。因此，你們才會半截身子都泡在（汙）水裡。少數水中居民可以離開水呼吸，例如擁有肺的江豚，或者能透過皮膚與口腔黏膜進行氣體交換的彈塗魚。然而，在河流周邊生活的不只我們這些生物而已。還有許多生物跟你們人類類似，他們不住在水裡，卻必須仰賴河流來維生。接下來由我向各位介紹黑腹蛇鵜（oriental darter）。[2]

與鸕鶿一樣，黑腹蛇鵜擁有掌握河流環境四元素的驚人技藝：他能飛，能在陸地上行走，能在水面游泳，也能長時間潛水捕捉主食魚類。

黑腹蛇鵜（*Anhinga melanogaster*）的意見

我們水鳥與淡水魚在許多方面都在同一艘船上（這裡不是雙關語）。我們是世界上數量銳減最快、最接近滅絕的生物。與許多魚類一樣，當洪水脈動讓暫時性的溼地重獲生機時，這些溼地正是我們最重要的獵場。與其他河流周邊生物一樣，包括你們，我們不僅仰賴自己的棲地，也仰賴獵物的棲地，那是我們的食物來源。如今，這些棲地被你們排水與開墾，導致我們難以生存與繁殖。而麻煩不只如此。我們必須在河岸的樹蔭下築巢，以及在平靜的回水區養育幼鳥，然而這些地點卻因為森林砍伐與廣泛侵蝕而消失。過去十年大規模開採砂石更讓情況雪上加霜。

曾經，我們害怕因為身上的肉與羽毛而被人類獵殺，但如今工業效應更加恐怖。在各種人類威脅中，最危險的莫過於開採黃金與現代農業使用的各種有毒物質。用來在整個流域提煉黃金的氰化物，損害了我們的繁殖能力。農業化

圖44　黑腹蛇鵜

學製品，包括像陶斯松（Chlorpyrifos）這種殺蟲劑，不僅威脅了我們的生存，也同樣危害了魚類、昆蟲、蝦子與其他浮游動物。陶斯松的毒性極高，對於河流周邊的所有生物傷害極大，世界各地早已禁用這種殺蟲劑，但居住在伊洛瓦底江的你們卻仍在使用。想要所有河流生物都健康與存續，完全得仰賴無汙染且潔淨的河水。過去數十年來，流域出現的汙染愈來愈致命，這一切全是人類活動引起的，包括你們的工業與大規模種植農業（使用除草劑、殺蟲劑、真菌劑）、採礦、製造業廢水與人類生活汙水。與軟體動物不同，我們能夠飛行，因此還能遷徙到別的流域，但我們擔心的是，恐怕在你們人類發現自己正毀掉家園之前，我們已經死光了，或者已經逃離了伊洛瓦底江流域。

伊洛瓦底江豚的意見

接下來讓我介紹緬甸棱背龜，一種水中爬行動物，一度被認為已經絕種，但現在又在極少數地區發現，不過依然被列為極度瀕危物種。

緬甸棱背龜（*Batagur trivittata*）的意見

我們為數不多，只生活在伊洛瓦底江流域。我們雖是爬蟲類，卻像青蛙一樣居住在河裡與河邊。我們也與青蛙一樣生活在過渡區，當每年雨季的大雨與洪水週期性地讓溼地重獲生機，我們便會在溼地棲息與繁衍。導致我們的生存陷入危機的最主要原因，在於我們失去了生態根基。人類占據我們的棲地，砍倒樹木，把水抽乾，並且在我們生生不息的棲地，設置堤防與

圖45　緬甸棱背龜

種植作物。整個河岸完全裸露而且愈來愈多人居住，我們的蛋全被鳥類、哺乳動物與人類吃光。我們的肉、龜殼與重要器官全成了高價消費品與醫療用品。事實上，之所以能夠證明我們尚未絕種，最早的證據甚至是因為我們的屍體於二〇〇二年出現在中國市場！在一九四〇年之前，我們在野外仍相當常見，但現在，由於棲地遭到破壞，加上盜獵，以致我們絕大多數必須仰賴保護才能生存，生活在像曼德勒婭達娜邦動物園區（Yadanabon Zcological Garden）這樣的保育地點。然而我們現在依然遭到獵捕，人類想要我們的殼，認為具有療效，又或者想把我們當成寵物來養。

　　我們也因為伊洛瓦底江日漸增加的人口而受害，不僅因為各種有毒的物質，也因為我們攝取的植物、蟲子、蝸牛、昆蟲與魚類體內含有塑膠廢棄物。我們跟兩棲類遠親青蛙與蠑螈一樣，不僅在伊洛瓦底江盆地遭受危害，在全世界各地也都面臨生存危機，因為我們的淡水溼地棲地有很多都被改造成了乾燥土地。

伊洛瓦底江豚的意見

到目前為止，除了我之外，你們只聽到非哺乳動物的怨言。我們擔心你們會有非我族類其心必異的心態，可能對於那些不是溫血、不能離水呼吸、身上沒有毛皮的生物漠不關心。因此，我找來的最後證人是一對親緣關係緊密的哺乳動物：亞洲毛鼻水獺與亞洲小爪水獺，他們跟江豚一樣，充滿魅力、活潑好動。

亞洲毛鼻水獺（*Lutra sumatrana*）與亞洲小爪水獺（*Aonyx cinereus*）的意見

我是亞洲毛鼻水獺。我代表自己，也代表體型最小的亞洲小爪水獺發言。有人認為我們可能已經在緬甸絕跡，但這是因為在所有東南亞國家中，緬甸稀

圖46　亞洲小爪水獺

有物種的調查向來是最少的。畢竟，緬甸是個孤立且戰爭頻仍的國家，我們水獺喜歡以低窪的樹沼、濱海的紅樹林、潮池與溼地作為棲地，這些地方通常人煙罕至。我們每次出現大概只有寥寥幾隻，很難觀察到我們的行蹤。為什麼瀕危物種的統計總是獨斷地以國家疆界為界，而非以棲地作為統計基礎，這點始終令我不解。

在智人眼裡，我們確實充滿魅力，然而這更像是詛咒而非祝福。我們就像穿山甲一樣，是世界各地野生動物非法走私網絡的珍貴貨物。尤其我們的毛皮和肉是貴重商品，我們也愈來愈被當成寵物飼養。不幸的是，自從二〇二一年二月緬甸軍事政變以來，內戰爆發，導致盜獵數量暴增。人類自身的衝突與水獺毫無關係，但在人為獨斷劃定的疆界裡，我們卻無法擺脫遭到殘害的命運。遭受壓迫的叛軍與村民缺少正當賺錢管道，他們別無選擇，只能將他們獵捕到的任何動物走私出境，他們知道有現成的中間人與巡迴商人網絡可以將我們運送到中國、越南與日本這些最能賣出高價的市場，且完全不用管我們是死是活。

然而，我們面臨的最大危險，實際上在場的每個物種都提到過，就是失去棲地。我們最適合繁衍的地方是流速緩慢的蜿蜒河流、池塘、樹沼、紅樹林海岸與季節性的溼地。這類棲地有許多樹木被砍伐殆盡，而且實施了排水工程，還圍上堤防隔絕河流，建造了水產養殖與農地耕作所需的基礎設施，我們只能困守在侷促的一隅苟延殘喘。我們的獵物，像是小魚、彈塗魚、甲殼動物、軟體動物與蛇都愈來愈少，即便他們能順利存活下來，也因為農業殺蟲劑而自帶愈來愈多的毒性。雖然身為哺乳動物的我們，比魚類更容易移動，但對我們而言，要尋找新的流域卻更加困難，因此我們羨慕鳥類，可以靠著飛行逃離此地。

伊洛瓦底江豚的意見

我們這些已經發言的非人類物種，要求我們應該擁有身為流域公民的完整權利。我們承認人類也是河流周邊地區的公民，了解你們也想擁有乾淨的水，知道你們希望獲得可靠而豐富的漁獲量來維持生計。然而無論是乾淨的水還是豐富的漁獲量，你們恐怕都難以如願，這一切都是你們自己造成的。我們眼前這片土地有著悠久的歷史與豐富的水資源，然而你們這個物種，卻奪走了原本居住在此的所有物種共同擁有的這片土地，你們單方面殖民此地，這是前所未見的掠奪。我們這些悲慘的殖民地臣民就像原住民一樣，在帝國的擴張下土地全遭到剝奪。我們實際上幾乎已經成了全球殖民下的受害者。從演化的角度來說，你們其實是新來者，但你們卻宣稱這片領域是「無主的水域」與「無主的土地」，以為這片水域與土地既然沒有主人，就能理所當然地宣稱自己擁有排他的主權，可以統治所有生物。

你們不僅侵害我們的棲地權利，甚至破壞地貌本身，造成了災難。曾經的河流森林卻被你們砍掉樹木、把水排乾、在上面耕作，你們摧毀溼地、樹沼與過渡區，造成大乾涸。曾經的氾濫平原，卻被你們拿來修建堤防與魚梁，河道因此迅速縮窄。你們建立水力發電與灌溉用的水壩，把曾經自由流動的河水變成一連串的湖泊，完全沒有河流原本的樣子。在雨季時，河水原本會沖刷出變化多端的棲地，然而你們採礦、挖掘河床砂石、興建基礎設施的行為，卻徹底改變了河水流動的水文與沉積物的移動。在河水相對潔淨之處，你們卻把河道當成排放有毒物質的管線，把塑膠、人類糞便與農業和工業廢水往裡面傾倒。

我們要從殖民者手中奪回河流！我們想要洪水、淤泥、溼地、樹沼、紅樹林——我們要求建立一個由所有物種組成的河流民主制度，這是我們生存的核心條件。

第六章　醫源效應

狩獵採集者從豐富而生命多樣的世界中取得自己想要的東西。久而久之，我們知道前現代的狩獵採集者傾向改造身邊的環境，讓果實、食用植物與醫療植物更好取得，並試圖吸引獵物。在這個時期，除了使用鋤頭與雙手，狩獵採集者的主要工具就是火。這個漫長而遲緩的過程被稱為慢速園藝（slow horticulture），特徵是改變與適應，但整體影響仍微不足道。前現代的狩獵採集者也許稍微縮小了覓食的範圍，但他們依然是移動的生物，生計完全遵循未馴化世界的韻律。

另一方面，現代農耕者與畜牧者從自然世界取得最想獲得且最順從他們的栽培品種與哺乳動物，再將這些植物與動物與自然世界區隔開來，將其形塑成最能滿足智人需要的形態。這種過程隔離了其他植物與哺乳動物的品種，久而久之便培養出植物與動物的亞種，這些亞種與人類一同演化，導致它們再也無法獨立維生，必須仰賴人類的保護才能生存下去。這就是我們理解的「馴化」的核心。

早期國家必須仰賴集中的定居農業人口與栽種已經馴化的穀物才能維持。馴化的穀物並非國家的創造發明。馴化歷經了數千年的漫長過程，早在國家於西元前六五〇〇年左右出現之前就已完成。用類似格言的方式來說，定居穀物種植可以「沒有」國家，但早期國家卻不能沒有定居農業。[1]另一種更好的說法是，定居穀物農業是早期國家形成必備的「鷹架」。

盛行於定耕穀物農業之前（而且至今依然存在）的生計形式，例如狩獵與採集、輪耕（刀耕火耨）、畜牧、混合沼澤地生計農業以及根莖類作物的種植，屬於不利於上位者或外部人士使用的分散模式，也不利於評估與監督生產與剩餘。國家形成與定居穀物農業的關係，符合馬克斯・韋伯（Max Weber）所說的選擇性親近（elective affinity）。

從生態角度來看，早期國家是一種侵入的人為秩序。定耕農業、灌溉水田以及讓地面上的穀物同時成熟，這一切全需要簡化地貌，集中的耕作者與可儲存的生計，則有利於早期中央集權國家形成。國家持續地改造環境，利用既有的工具手段，在自然能夠承受而不至於反抗（或者說已經垂死無法反抗）的範圍內簡化地貌。

然而我們將會看到，在這種集中與簡化的背後，存在著一種核心的弔詭：馴化的地貌，在政治、生態與流行病學上都極度脆弱。[2]

狩獵與採集者「適應」自然世界的複雜韻律來維持生活，但早期國家卻壓制這種移動與複雜性來創造一個「國家維護的棲地」(state-serving habitat)。國家維護的棲地是一塊消除了所有複雜性的狹窄帶狀土地，在小小的範圍內集中種植與飼養馴化的作物與動物，以此來加快動植物的使用率。這種做法隱含了一種對「靜態」的渴望（儘管從未完全實現），並且試圖鞏固地圖上所塑造的幻覺，以為河流與氾濫平原之間真有一條清楚鮮明的疆界。這種做法也試圖廢除過渡區，希望把所有的泥巴變成陸地或水。荷蘭風車是最經典的代表案例，荷蘭風車的功能就是將沼澤地的水排乾，使其轉變成農地或牧地。[3] 投資人在投資風車時，都會設想作物如果獲利，獲利的金額將根據出資比例分配，但以結果來說，就是投資人獲得產權，生產與人口因此集中，國家也取得歲入。最重要的是，從我們的觀點來看，這種做法必然使得溼地、古老的森林以及複雜多樣的生態系完全消失，變成只有少數幾種一年生作物與少數馴化的牲畜物種能生存。正因這些被馴化的動植物無法在野外生存，所以必須保護它們，人類用圍欄將它們隔絕，避免它們受到自然侵擾，而野生自然也被汙名化為雜草、荒地、有害的動物、害蟲或掠食者。雜草是一種我們認為不該出現的植物，會與我們馴化的品種爭奪生存空間。有害的動物（例如老鼠或狼）是一些會吃掉穀物與牲畜的哺乳動物。此外，有些智人並非國家栽培的臣民，他們會掠奪農業聚落維生，有一個詞可以用來稱呼這種人，那就是野蠻人。

「馴化」一詞就嚴格意義來說是指控制繁殖，這個詞最直接適用的對象是人類栽培與飼養的作物與家畜。我認為，馴化一詞在早期國家適用於奴隸制度與父權制度，因為在這兩種制度下繁殖受到管制，而女性與奴隸則是財產，就像牛群一樣。在談到生物乃至於馴化的動植物時，人類總是希望做到全面支配，但這一點從未完全實現過。對於一個不斷移動的複雜實體，例如河流，人類頂多只能做到幾個詞，如「管制」、「控制」、「規訓」與「平息」。馬克西姆·高爾基（Maxim Gorky）極力擁護史達林主義烏托邦願景中的全面控制，他形容這個過程讓「瘋狂的河流恢復理智」。從這個意義來看，我們的目標是要駕馭河流，使其聽命於我們，依照吩咐行事。

接下來，我們首先要追溯人類如何在農業、林業、工業作物與人類自身的勞動中馴化自然。然後，我們要檢視馴化牲畜與水產養殖的過程。最後，我們將檢視國家如何規訓河流、讓河流滿足人類狹隘的目的，這段歷史充滿了弔詭又令人挫折的經歷。

農業與林業

如提摩西・魏斯克爾（Timothy Weiskel）所言，農業的基礎在於生態滅絕。沒有任何事物比農業更能轉變世界的地貌。在西元前第二個千年，在少數地方已經可以看見端倪，但當時影響的範圍很小，幾乎可忽略不計。儘管如此，農業所需的必要元素都已齊備：有一種或數種栽種的作物成為主食；用火整地然後開闢為農地與牧地；逐漸開始依賴農業來推動的人口成長。農業成為世界最重要的生計模式，直到工業革命來臨，化石燃料、人造肥料與大量人口成長又將農業推升到難以想像的層次。

根據粗略估計，已經辨識出來的植物種類大約有二十萬種。[4]令人吃驚的是，植物種類雖然眾多，但世界糧食消費量的八成卻僅由其中十二種（占總數的百分之零點零零零零六）包辦。這些被馴化的植物，包括玉米、高粱、稻米、小麥、大麥、木薯、番薯、馬鈴薯、甘蔗、甜菜、香蕉與豆類高粱。為了照顧它們，有人類隨侍在側（耕種、除草、澆水），為它們驅逐鳥類、牲畜與野生掠食者。這不知道是幸運還是不幸的開端。

為什麼這些植物支配農業與世界飲食？玉米、大麥、小麥與高粱這類穀物的特殊之處在於容易馴化。這些穀物大部分屬於禾本科，相對強健，成長率普遍高於雜草。最後一項特徵很重要，因為最初的農業形式並非犁耕農業，而是洪水退卻農業與輪耕（刀耕火耨）農業。洪水退卻農業的邏輯是，原野被洪水清理一空，當洪水退卻時，會在土地上留下一層肥沃的淤泥；輪耕則仰賴原野先被大火燒毀，並在土地上留下一層充滿營養的灰燼。如果此時立即播種，那麼相較於雜草，這些品種的作物短期內將可得到更多營養、水與日光。

穀物的第二個重要特質在於，穀物在經過一段時間之後演化出不易散落種子的能力，可以讓人類將穀物拿到打穀場上，並順利取得穀物的種子。儘管如此，我們仍須了解，這些作物最初是在野外生長，並在野外被採集。正常情況下，野生植物會不定期開裂、散落種子，這是植物在野外繁殖的有效策略。但這樣的話，等到植物被送到打穀場時，留下的種子比例就會減少。據我們所知，植物傾向「不開裂」，是因為人類長期採集符合需求的野生穀物，這可以說是無意間造成馴化。在漫長歲月裡，這些被帶回人類家中的穀綑之所以還保留著種子，其實只是因為人類在野外採集時，只會挑選種子尚未開裂散落的穀物。一旦開啟了這段緩慢的馴化過程，早期的種植者便有了一個未來可能帶來豐厚產量的栽培品種。其他穀物也逐漸被馴化成不易開裂的特性。

穀物還有其他有價值的馴化特質，包括：穀物（玉米是例外）是自花授粉（即純系繁殖）；成長迅速而且強健；可以加以乾燥；容易儲藏、運送距離相對較長，而且每單位重量與體積的價值比其他栽培品種（如馬鈴薯與木薯）來得高。最後兩項特質非常關鍵，因為擁有這兩項特質的作物才能養活早期國家。[5]

從每單位土地的熱量產出，以及早期國家形成所需的人口集中度來看，穀物種植相當密集。不過除了穀物之外，還有其他早期馴化植物擁有高食物價值，而且可以成功乾燥與儲藏。既然如此，為什麼歷史上沒有提到有任何國家是仰賴豆類植物，例如小扁豆、鷹嘴豆與豌豆？[6] 為什麼沒有芋頭或大豆國家，沒有西米或麵包樹國家，沒有山藥、木薯、香蕉、花生或馬鈴薯國家？上述這些作物都能提供大量人口的生計需求。我認為，穀物與國家連結的關鍵在於，只有穀物才能充當賦稅與徵收的基礎，因為：穀物在地面上生長；穀物的產量可以評估；穀物可以儲存、運送，可以充當配給品；而且「絕大多數穀物都在同時間成熟」。最後一項特質尤為重要，因為這意味著收稅人員可以在很短的時間內徵收全部或部分的收穫量，無論穀物是在田裡，還是已經打穀儲存在穀倉裡。

僅仰賴少數幾種植物可能帶來極大風險。基因類似的物種一旦過度聚集，無論這些物種是智人、某種主食作物還是馴化的動物，就有可能成為專門適應該物種的鳥類、昆蟲、細菌、病毒、菌類植物或鏽病的盛宴。基因相似、擁擠的環境，再加上容易得流行病的特性，便可說明為什麼早期國家的人口、牲畜與作物經常感染新的傳染病。主要主食作物的基因種類愈單一，國家就愈脆弱。此外，在美索不達米亞盆地，小麥逐漸被大麥取代，因為反覆種植小麥導致土壤鹽分升高，而大麥的耐鹽性比小麥來得高。

除非實際體驗過農產量下跌，否則最初的定耕作物農夫不可能一開始就了解，每年反覆不斷種植相同作物會耗盡土壤中的重要營養。經過一段時間，農夫發展出休耕技術，雖然緩和了土壤營養流失，但也需要更多土地來耕作。[7]當然，地力耗竭最明顯的例子就是種植園農業，此外，種植園栽種的作物品種完全一模一樣，很容易重複感染同一種病原體。

不過，本書關注的主要還是農業擴展帶來的重大衝擊，也就是大規模改造地貌。地貌的改造涉及森林砍伐與排水。在最初階段，生產規模不大，而且聚集在河邊，對居住在河流周邊的哺乳動物、鳥類、兩棲動物、昆蟲與甲殼動物影響雖然明顯，但還算輕微。森林被當成薪柴、木炭與建材的來源，也就是說，森林被視為智人使用的工具，而非鳥類與昆蟲的重要棲地。樹沼與溼地是生物多樣性最高的棲地，卻被人類當成荒地，因為樹沼與溼地無法符合人類所需，被視為陰暗且充滿威脅。[8] 抽乾沼澤不僅是一句政治口號，也是文明轉變的開始。直到最近，這句話仍定義了荷蘭的民族認同。不論是英國政府抽乾英格蘭沼澤區（English Fens），墨索里尼抽乾龐廷沼澤（Pontine Marshes），還是薩達姆．海珊（Saddam Hussein）抽乾美索不達米亞沼澤，都反映了這種全球趨勢。現在，從環境的角度來看，我們可以清楚知道發生了什麼事。一個原本適合數百萬隻鳥類、昆蟲、魚類與其他物種生活的複雜棲地，被抽乾、簡化、乾燥與種植了人類喜愛的一年生穀物，其他物種生活的棲地就這樣被破壞殆盡。以世界各地的溼地來說，這種大規模的環境工程計畫已經破壞了超過半數的全球陸地溼地。美國一八五〇年沼澤地法（Swampland Act）將沼澤地收歸各州所有，但前提是各州出售這類土地的所得必須用來推廣農業。雖然當時有少數人警告這種干預將帶來的水文後果，但這些人關心的不是自然世界遭到破壞，而是洪水與土地乾涸會影響人類。[9] 坦白說，我們對於廣大自然世界及延伸的各種影響所知甚少，即使到了最近，我們仍對自己造成的破壞渾然不覺。然而，至少在過去四十年，這些破壞終於演變成不容忽視的現實。

我們仍然可以在一些破碎地區發現豐富而多樣的物種，成為一種指標現象。因為這些地區相對來說並未受到人類地貌工程的破壞，不是位處遙遠的山區、國家公園、生物保護區，就是尚未抽乾的樹沼與草沼。曾經在平原漫遊的哺乳動物（如熊與狼）退縮到比較安全的避難地點，就像人類為了逃避捕捉或死亡而躲進山區與沼澤一樣。如果人們想尋找在人煙稠密地區已經消失的昆蟲與鳥類，那麼到偏遠的地方尋找可能機會較大。

改造地貌背後的邏輯就是功利主義。依照新古典經濟學的說法，所謂的自然資源（簡稱「土地」）就是可以與勞動和資本結合以生產商品的東西。無論明示還是暗示，當人們不再考量其他因素時，以最小成本換取最大收益就會成為主導原則。十八世紀晚期德國科學林業的創立就是顯著案例。[10]他們的目標是改善來自森林的收入，但衡量的標準是木料與薪柴每立方公尺的產量。在此之前，林區收入總是因為林種混雜與地形差異而時高時低。因此，決定性的步驟就是簡化。林務員小心翼翼地播種、種植與砍伐，以此創造出一座容易計數、操控、衡量與評估的森林，讓收入最大化。林務員認為，根據土壤，歐洲雲杉與歐洲赤松是最能獲利與生長最快速的品種。於是他們在已經清理好的土地上，開始像一般農作物一樣成排地種植新森林，結果形成一座由單一物種構成的森林，所有的樹年齡相同，容易計數與砍伐。新的理性科學森林起初非常成功，成為世界各國奉行的標準。許多人認為這之所以會成功，是因為被砍伐的老樹遺留下的樹根管道仍積存著營養。無論如何，大約一個世紀之後，德國人又創了一個新詞來形容這片染病的科學森林：森林死亡（Waldsterben）。

這是一則地貌工程的故事，這門學問只為兩項商品服務：木料與薪柴。當然，這對當地農民來說是一場災難，當地農民時常進入老森林，採集可食用與具有醫療效果的植物，他們會讓牲畜在這裡吃草，也會在這裡收集糧秣與墊草，他們還會在這裡狩獵、設陷阱與捕魚。原本豐饒的物產，因為改成單一物種森林而完全消失。由於樹種多樣性消失，原本數量豐富與種類繁多的鳥類、哺乳動物與昆蟲也不復往日榮景，種類急遽減少。整個地貌為了容納這座單一商品機器而遭到切削改造，導致其他生物數量也大幅降低。

這種單一商品機器的生產邏輯，也出現在其他類似例子上。揚·杜威·范德普勒格（Jan Douwe van der Ploeg）提供了另一個安地斯山脈案例，帶來更多啟發。[11] 范德普勒格提到，安地斯山脈種植原生馬鈴薯的方式，需要一定的工藝技術才能達成。秘魯農民擁有種類繁多的馬鈴薯亞種。他們的田地分布在不同海拔高度的陡峭地形上，面向陽光的角度各自不同，土壤條件也不同，他們根據長年經驗，選擇出最適合某地條件的馬鈴薯亞種進行栽種。

作物科學家反而一開始就試圖構思與培養理想馬鈴薯，他們評估馬鈴薯的口味、烹調性質、快速生長、熱量與維生素，挑選最適切的基因，然後將地貌改造成適合種植這種理想馬鈴薯的樣子。這就像科學林業一樣，為單一的栽培品種打造均一地貌，調配肥料配方、制定灌溉時程、調製殺蟲劑配方與定期除草。為了種植理想馬鈴薯，竟不惜變更地貌，使整個地貌變得單一而毫無多樣性。秘魯農民採取完全相反的態度，他們把環境視為既有條件，選擇適合不同環境的特定種類馬鈴薯進行栽種。

馴化的牲畜與水產養殖

瓦茲拉夫．史密爾（Vaclav Smil）是環保人士，也是歷史學家，他試圖計算全世界馴化牲畜（雞、牛與豬）的肉量與野生動物（大象、鯨魚、鹿或羚羊，不包含智人）的肉量的比例（單位為公噸）。[12] 兩者呈現的比例是九比一，意味著每九公噸的馴化牲畜才會有一公噸的野生動物。如果你想知道未馴化的世界還剩多少，這是你能得到的唯一統計數字。這個計算方法複雜且仍有爭議（例如，昆蟲不在計算之列），然而就算這個數字談不上精確，依然振聾發聵。如果把額外的八十億智人歸類為馴化動物，那麼這個比例就會竄升到十八比一。智人揀選最順從的稀有物種來馴化，限制這些物種的活動空間並且繁殖這些物種，使這些物種像馴化的植物一樣，成為「籃子裡的東西」，光憑自己的力量無法在野外生存。讓物種無法離開人類控制並受人類繁殖，便是馴化最基本的定義。舉例來說，馴化的綿羊與山羊變得更小、更為溫和、對周遭環境更無警覺性（因為被圈養起來，有人類保護牠們），牠們失去了恐懼與逃跑的本性，而且外型沒有明顯的性別差異。持續選取最溫和的綿羊進行繁殖，並將最具威脅性的綿羊宰來吃，改變了這個物種的天性。

植物也是如此。馴化植物嚴峻地破壞了生態多樣性。哺乳動物大約有六千種，但只有豬、綿羊、山羊與牛這四種成為飲食主軸。[13] 整個地貌都被開闢成牧場。禽肉也被化約到僅剩原雞（*Gallus gallus*）。原雞是現代雞的祖先，至今依然存在，這是到目前為止人類最成功馴化的物種。在這個星球上，每個人類可以分配到三隻原雞，幾乎所有的原雞都產自工業化養殖。

德國的科學林業模式只在乎如何高效生產木料與薪柴，對於森林的一切漠不關心，這種模式也適用在家畜上。牠們成為單一商品機器，除了效率，其他都不重要。舉例來說，在工業生產之前，豬和火雞被用來協助清理土地以從事農業。早期新英格蘭殖民者會把豬與火雞圈圍在一塊尚未清理的土地上，他們知道豬喜歡刨根，而火雞喜歡吃樹葉。兩年後，這塊地就可以種植農作了，完全不需要殖民者額外出力。今日，養豬只為了生產豬肉。當然，綿羊的毛與奶也很有價值，但主要還是為了身上的肉。在人類培育的蛋雞中，效率最高的是義大利來亨雞（Italian Leghorn），而肉雞則是康瓦爾／普利茅斯岩雞（Cornish/Plymouth Rock）。最適合產牛奶的牛種是荷斯坦牛（Holstein），而產肉最有效率的亞種是黑安格斯牛（Black Angus）。

在工業生產中，一旦某個品種成為單一商品機器，那麼接下來就會傾全力壓低生產成本。這是個無懈可擊的資本主義邏輯：假設其他條件不變，成本愈低，獲利愈大。以肉雞來說，為了壓低生產成本，會施打生長激素使其盡速成長，並且讓雞的體型能夠合乎市場需求，例如，美國市場喜歡大塊的雞胸肉。為了將產品（雞）塑造成最有效率的商品機器，人們不惜投入數千小時進行研究與嘗試。這種追求最明顯的特徵是壓縮了工業雞的壽命。野生雞的預期壽命在九歲到十五歲之間，但工業雞大概七到九個星期就會被宰殺送往市場。工業雞的壽命只有野生雞的百分之二左右，意味著商品化非常成功。工業豬與其野生祖先相比，雖然差異沒那麼大，但還是相當明顯。[14] 野豬預期壽命差異比較大，但平均大約落在十年左右，反觀工業豬則在四到七個月就被宰殺。人們進行了大量實驗與科學研究只為了提高效率。首要之務是要尋找與培育出最容易提高效率的亞種。生長激素與精準投餵可以確保家畜提早成熟，快速成為合乎期望的商品。限制活動（監禁？）是這項策略中不可或缺的一環。籠飼與圈養確保珍貴的熱量投入於肉類生長而非浪費在移動上。

這種隱含著危險的資本主義農耕與馴化邏輯，被人類運用在極少數容易操控的栽培品種、哺乳動物與鳥類上，最明顯的例子就是雞。這個過程創造出一個完全以人類飲食為終點的馴化人工世界。近年來，這種邏輯也擴展到魚類，形成所謂的水產養殖，如今水產養殖已經占緬甸漁業生產的三分之一，相對於傳統漁業的衰微，水產養殖甚至成為緬甸成長最快速的產業之一。我們現在應該已經很清楚這項產業背後的邏輯。首先，根據魚類忍受擁擠的能力、潛在成長率與消費者的喜愛程度，人類會先選出極少數魚種。緬甸選擇的魚種是原產於莫三比克（Mozambique）的吳郭魚（tilapia，*Oreochromis mossambicus*，莫三比克口孵非鯽）與大絲足鱸（*Osphronemus goramy*）。

魚種的選擇邏輯與其他馴化動植物的選擇邏輯沒什麼兩樣。能夠獲選的魚種必須適應力強、能夠忍受擁擠、迅速成熟與飼養成本最低。以莫三比克吳郭魚來說，人們將這類吳郭魚與其他吳郭魚配種，藉此取得一般消費者喜愛的魚柳尺寸。大絲足鱸除了適應力強與成長速度快外，還擁有兩項重要特徵。大絲足鱸能夠忍受微鹹的水，而且跟其他魚種一樣，能夠在潮溼的空氣中呼吸一段

圖47　莫三比克吳郭魚

圖48　大絲足鱸

時間。有人認為大絲足鱸是生活在過渡區的東南亞魚種，因此能在乾燥時期短暫存活。

與其他馴化形式一樣，魚類的馴化至少需要兩個步驟：首先是選擇能夠在有限空間內存活的魚種，然後透過揀選、雜交繁殖與基因改造，來調整魚種的適應能力，最終使其成為可獲利的商品機器。

人類成功馴化自然世界，或許會讓我們認為人類彷彿神一般。然而這種想法多半是受到猶太教、基督教與伊斯蘭教教義的影響。從另一種同樣合理的視角來看，人類何嘗不是馴化的囚徒，甚至可以說是馴化的奴隸。我們馴化野生生命，意味著我們需要持續不斷地照顧與看管這些生命。如果我們照顧的是脆弱的克隆生命，那麼勢必要付出更多心血。一旦把這些馴化的生命安置在家中，我們將必須投入絕大多數時間來保護這些生命，包括提供糧食、肥料、圍欄、耕作、除草、控制害蟲等等。此時，究竟是誰服務誰，顯然成了一個形而上的視角問題。

馴化的河流

馬克・喬克（Marc Cioc）在《萊茵河》（*The Rhein*）提到，「河流系統變成了高度工程化、最佳化的水力機器」。回顧歷史，在新石器時代之前的河流，尚未被干擾，人類會隨著河流的韻律移動。人類會跟著魚類、鳥類與哺乳動物遷徙而遷徙，而洪水脈動與季風雨的韻律，則會推動魚類、鳥類與哺乳動物遷徙。整個生物移動的運作開關，是透過「察覺」河流來啟動。然而，人類開始以細微而緩慢的速度，努力將河流移動到希望有水灌溉的地方，又努力地將河流從不希望淹水的地方移走。因此出現了小型的堤岸、攔河堰、灌溉閘門與小型的灌溉溝渠來協助農作。儘管自然擾動促成了河流生物多樣性，但人類依然努力控制與馴服河流的自然擾動，甚至試圖利用河流的力量。然而，雖然一連串的水力發電水庫幾乎改變了河流地貌，但實際上不可能停止河流移動。畢竟，奴役河流主要是為了滿足主人的目的。根據河流被利用的方式，我們可以有各種形容河流的詞彙：被馴服的、被馴化的、被控制的、被圍住的、被重塑的、被規訓的、被駕馭的或甚至被整理的。無論使用何種詞彙，都很適合描述河流的馴化。

嘗試馴化河流，顯然不是現代工程的獨特產物。早在工業革命前的十六世紀，潘季馴便重塑了黃河，使國家得以控制沉積物的運送。伊懋可（Mark Elvin）因此說他是中國最偉大的河流馴服者。「據估計，潘季馴興建了一百二十萬英尺長的土堤，三萬英尺長的石堤，堵住了一百三十九處決口，建造了石砌溢洪道，疏浚了一千五百英尺長的河床，種植了八十三萬棵柳樹來鞏固堤頂，使用了不計其數的大量樹幹製作木樁來穩固堤岸，花費五十萬盎司的白銀與將近十二萬七千擔的白米。潘季馴統一了黃河河道，並且將其收束在所謂的『縷堤』之內。」[15]

物力、人力與財力的巨大支出令人咋舌，意味著明朝付出多大的努力才馴服黃河。

航行

人類最初持續想馴服河流，主要是為了讓河流具有舟楫之利，使人類可以利用河流貿易、交換與控制領土。相較於利用挽畜與貨車運輸，利用船隻運送貨物顯然可以節省大量的時間與人力。正因如此，所有早期國家，無論規模大小，幾乎都興起於可航行的河畔。當然，往下游運送要比往上游運送更有利，然而無論哪種情況都比陸路運輸更有優勢，差別只在於往上游運送比陸路運輸快六倍，往下游運送則快十二倍。[16]我們從地貌上留下的環境證據，便可清楚了解水路運輸的優勢。每個聚落，無論大小，總是需要木材來烹飪、取暖、搭建房屋與建造船隻，然而聚落附近容易取得的木材很快就會耗盡。下一個容易取得木材的地方，如我們在第二章提到的，就是在聚落上游處砍伐，然後把握河水高漲時讓原木順流而下抵達聚落。河流周邊地區的森林砍伐模式，便是水路優於陸路的絕佳證據。

在思考什麼是「具有舟楫之利的河流」時，我們必須了解，當人們希望改造河流使其能夠來往航行時，他們心裡把河流想成是一條筆直的雙線道柏油路，但顯然這樣的希望永遠不會實現。如果想要把河流改造成柏油路，必須均一地疏浚整條河的河床，使河道深度完全一致，才能完全容納船隻雙向通行。純粹用來航行的運河必須跟模具一樣筆直，除去所有蜿蜒曲折，避免航程因路線而加長，而且彎曲的河道很容易堆積淤泥、沙子與黏土，最終導致河道阻塞。想要高效率運輸，必然不能容忍蜿蜒曲折的河道存在，但這樣的河道卻是形成溼地與棲地多樣性的必要條件。

萊茵河是人類試圖馴服與控制河流的明顯例子，約翰·戈特弗里德·圖拉（Johann Gottfried Tulla）因為受啟蒙運動影響而寫了一篇國際論文，論文的名稱是〈矯正萊茵河〉（Rectification of the Rhein），彷彿改善萊茵河的不完美是工程師的責任。馬克·喬克精彩地記錄了這些過程。[17] 為了將科學林業的單一商品機器觀念運用到河流上，人們做了很多嘗試。許多河道被截彎取直，可能阻礙航行的河中障礙與大圓石遭到移除，盡可能封閉附近的溼地，使得萊茵河的總長度縮減超過一百公里。不難想像河中障礙與大圓石遭到移除，對野生生物構成了一場災難，最後，突發性洪水變得更為常見，破壞力也愈大。儘管如此，圖拉卻獲得一條非常適合航運的河流，這條河流也成為商業與貿易的主要動脈。[18]

一七九三年，弗里德里希．席勒（Friedrich Schiller）寫道：「居住在自然河流地貌營造的無秩序中，而非筆直河道呆板無趣的秩序裡，不是更吸引我們嗎？」[19] 席勒提出的是一種美學上的評論，但這種「無秩序」河流的生態，造成的影響不容小覷。

水力發電

一條被規訓與控制的河流，必須完成無止境的任務。就跟航行一樣，每一條身負重任的河流無一例外都需要經過一番改造。一旦能全程水路運輸，毋需轉運到較小的船舶或貨車上，商業優勢便顯而易見，正是這樣的願景在十八世紀末助長了英格蘭與威爾斯的「運河熱投資泡沫」，人們打算把英格蘭與威爾斯境內的所有流域全部連結起來。十九世紀初伊利運河（Erie Canal）的興建，同樣也是為了將哈德遜河（Hudson River）與五大湖連結起來。以水路運輸來說，這項工程十分成功，不過五十年後，這條水路有了新的對手：持續成長的鐵路網絡。

被改造的河流肩負許多任務，要達成這些目的，需要許多相同的技術。想要在河流上航行，必須要有筆直的水道，必須將河川深度疏浚成均一高度，並用堤防圍住兩旁以維持寬度與深度。至於其他目的，例如防洪，或將汙水、工業廢水與殺蟲劑排入河流進入大海，則需要不同的河道。絕大多數任務都面臨一項工程難題，那就是一旦河流進入坡度平緩的氾濫平原，就必定會沉澱較多的沉積物，如此將堆高河床，使得洪水更容易發生，也可能形成新的曲流。處理這個問題有全球統一的標準做法，那就是加蓋堤岸與堤防，來增加河流的流量與流速，並且在支流建造溢洪道，使河水能週期性地沖刷河床，維持河床深度（想像在沖馬桶！）。這些技術以及實施後的成敗，在很多作品都有詳細介紹，在此我不多做說明。人類最大膽的一項嘗試就是徹底摧毀河流本身，透過水壩堵住河流後，將流域改造成一連串的湖泊，目的是為了發電。[20]

被改造以用來水力發電的河流，可以說是最佳化的水力機器，將河流視為僅供發電的單一商品。由於水力發電需要有充沛水量從一定距離的高度落下才能驅動渦輪機，因此絕大多數的水壩都坐落在流域上游地形陡峭的地帶。[21]在東南亞大部分地區，適合興建水壩的地形幾乎都位於少數民族地區，這些少數民族的文化與在低地種稻的民族大不相同，因此當低地國家試圖強迫遷徙這些少數民族時，人們赫然發現國家試圖興建的水壩既無法嘉惠原本居住在此地的少數民族，強制遷徙本身甚至帶有種族主義色彩。在伊洛瓦底江興建與計畫的水壩愈來愈多，這些水壩多半位於欽敦江上游，也就是欽族（Chin People）生活的地區，或者在密松上游的恩梅開江與邁立開江，這裡是克欽族（Kachin）居住的地方。[22]

問題來了：當一條河被水壩改造成一條鏈狀的湖泊，通常湖與湖之間是分離的，那麼這樣的河流是否還能稱之為河流？這項工程的目的在於透過水壩孤立出一個個獨立的儲能系統，水壩就像一個巨大的栓子，透過一開一閉來產生電力。唯有當巨大洪水導致水壩失靈時，我們才能看見河流重新取回自己的流域。

汙水、廢水、灌溉與飲用水

國家工程師與企業交付任務給河流之後，又會要求將河流改造成最能達成這項任務的形態。一條河流肩負兩項任務的情況並不罕見，例如灌溉與水力發電，但在緊要關頭，總會有一項任務比較重要。

有些河流工程的目標對人類與非人類都有利。最明顯的例子是管理河流以取得飲用水，這項目標通常也符合魚類、鳥類與其他河流物種的需求。反面的例子是一連串的水力發電水壩，不僅截斷了河流，也摧毀了鄰近溼地，這對洄流魚類與絕大多數流域物種來說，簡直是浩劫。主要用來灌溉的河流（通常用來灌溉乾季作物），需要將水圈圍在水庫裡，到了乾季再分散給農地。從這點來看，灌溉水壩與水力發電水壩有異曲同工之處，後者也剝奪了下游溼地與氾濫平原的充足水量，使各種棲地缺乏流水而死亡，流域的生物多樣性因此被破壞殆盡。

河流將人類廢水運往下游出海，這種現象由來已久，帶來的危害與風險相對來說也很容易理解。住在上游的社群占盡便宜，因為在他們之上已經沒有任何聚落，他們可以任意將汙染的水排到下游，導致居住在下游的植物、動物與人類只能使用他們汙染過的髒水。當然，中游的社群一方面接收上游的汙水，另一方面又排放自己的汙水，靠著河流將這些汙水送到下游。最受影響的顯然是住在三角洲與分流的人類與非人類居民。

然而，這種將廢水運送到下游的抽象陳述，把河流形容成一條穩定傳動帶，可以說完全偏離了事實。首先，汙水的移動非常不規則，全看河道的形態。不論是河岸森林被砍伐並改種一年生作物、人類用堤防與堤岸圍住了河道、排水系統範圍廣大，或者河道坡度相對陡峭，就連季風雨稍微猛烈，都可能使河流水量與流速提升，將沉澱在河床的沉積物沖刷起來、帶往下游。另一方面，如果坡度很小，乾季降雨很少，以致河流的水量與流速很小，使得河流緩慢流動，包括有毒物質在內的大量沉積物便會全都沉澱在河床上。河流不止運送廢棄物，河流本身也是一台搬運土石的大型重型機械，把大量土壤、沙子、黏土、小卵石、貝殼乃至於大圓石都運送到下游。

然而，真正影響深遠的是，在工業革命後廢棄物數量飆升，這些廢棄物可以毒害絕大多數河流周邊的生物。與一般生活汙水不同，這些工業汙染物不可分解，會持續累積在魚類、鳥類與昆蟲的器官和組織裡，對生活在下游的生物影響尤其嚴重。工業廢水集中在伊洛瓦底江的蒙育瓦與實皆地區，殺蟲劑與肥料則來自伊洛瓦底江流域的農業地帶，而數百萬種形式的塑膠更逐漸破壞整條河的生命，讓絕大多數河道遭殃。汙染物無論數量多寡，都造成整個流域的魚類、鳥類與哺乳動物的數量與多樣性明顯下降。雖然沒有確切統計，但人們懷疑這些汙染物也對爬蟲類、兩棲類、甲殼類與昆蟲造成同樣嚴重的影響。

伊洛瓦底江的不幸是醫源性

我總是盡量避免不必要的技術名詞與新名詞，希望能讓敘述簡單易懂。但在這一節，我會破例使用一個醫學名詞「醫源性」(iatrogenic)。用最簡單的方式來說，醫源病是因為上一次在醫院或診所治療感染的疾病，例如在醫院感染了對各種抗生素具有抗藥性的鏈球菌。

為什麼要介紹不同領域的名詞，原因很簡單，我們今日面對的河流災難，絕大多數都是過去為了謀求智人與民族國家的利益，試圖規訓與馴化河流的結果。我們基於自身目的努力改造河流，特別是簡化河流與整個流域，這正是今日河流的主要病因：從溼地的消失，森林被砍伐殆盡，生物多樣性必需的棲地被破壞，到魚類、植物與河流周邊物種的減少與滅絕。當初沒有人能預見到，我們對河流水文的干預會造成如此嚴重的影響。即使事後了解了，也無法阻止人們繼續使用與剝削河流來謀取最大的利益。

一九二八年，印度東部省分奧里薩邦洪水委員會（Orissa Flood Committee）提出的報告裡有這麼一個例子：

> 我們得到的結論是，奧里薩邦出現的問題主要源自於為了進行保護而採取的各項措施。把每個地方溢出的水流全都加以排除，意味著別的地方的洪患隨之加重；新建每一條路堤，意味著大水將沖向別人的土地。奧里薩邦是個三角洲省分，因此不可能避免洪水。洪水是自然創造新土地的方

> 法，試圖阻撓自然是徒勞無功的。奧里薩邦的問題不在於如何防洪，而在於如何盡快讓洪水快速流入大海。想要解決就必須移除所有的障礙，因為這些障礙只會延長洪水入海的時間……繼續目前的做法，只是讓債台高築，總有一天要以不幸與災難來償還。[23]

為了探討這種類比，我們必須先說明醫源病的醫學性質。在美國，大約七成的住院是由上一次的治療直接或間接引起的。化學療法、放射性治療與外科手術造成的副作用就是明顯的例子，醫學專家也把減緩副作用視為治療的一環。然而更麻煩的是，對抗生素產生的抗藥性已經成為全世界普遍的現象。一九四五年以來，抗生素這項醫學奇蹟已經拯救了數百萬人的生命，不僅廣泛用於治療細菌感染，如葡萄球菌，也肆無忌憚地用在飼養工業牲畜上，例如雞、豬、肉牛與乳牛。在飼養牲畜上大量使用抗生素有兩個原因，也就是我們先前提到的現代工業牲畜生產的兩個特點，簡化與擁擠，這是為了以最低成本獲得最大利潤。工業牲畜物種的基因組成相對一致，這是因為人類透過基因揀選，挑選可以快速成長、肉質好與飼養成本低的物種基因。絕大多數牲畜全都圈養在狹小的空間裡。這種簡化與擁擠根本是流行病風暴的完美溫床。被這些動物吸引的細菌可以以極快的速度殺死一整群牲畜。這種單一商品工業生產，與德國的科學林業一樣脆弱。在科學林業中，森林被改種單一物種、樹齡完全相同，結果整片樹林暴露在鏽病與其他真菌感染的威脅中。

相較之下，細菌不僅適應力強而且更為多樣。特定菌株的細菌如果對抗生素產生抗藥性，這種抗藥性菌株就會以指數速度快速繁衍，最終取代不具抗藥性的細菌。[24] 此時抗藥性菌株處於無敵狀態，直到有人發明新的抗生素，才能壓制細菌。接下來，同樣的過程又會重演一次。細菌因為突變、基因交換或雜交而產生抗藥性，之後就必須針對這種抗藥性菌株獨有的弱點量身訂製新藥。病原體的生命週期愈短，新抗藥性菌株出現的速度就愈快。[25]

到目前為止，我們只談到動物的醫源效應。然而同樣的邏輯也適用於植物的真菌病。跟前面提到的一樣，環境是造成所有差異的原因。地貌與土壤愈單一，栽培品種的基因多樣性愈狹隘，植物愈擁擠，選擇壓力愈大，就愈有可能產生對真菌劑與燻蒸劑有抗藥性的真菌菌株。[26]

當我們在描繪近來影響最深遠的河流工程時，絕不可以忽略國家的核心角色。在前現代時期，絕大多數種植穀物的國家都坐落在氾濫平原上，在這個科技尚未昌明的時代，國家最重要的資源是大量可動員與具生產力的人口。包括奴隸在內的人口提供國家可用的穀物，而穀物既可用來繳稅又可儲藏；人口也可在衝突時充當徵兵池，這些勞動力也可用在公共建設。一旦面臨作物歉收、馴化的牲畜與人類感染流行疫病、苛捐雜稅與民眾逃往政府鞭長莫及的邊境地區時，國家想要維持統治就必須牢牢掌握人口，而且要盡可能增加人口。這意味著國家必須使用一切手段（灌溉水渠、挖掘儲水槽、攔河堰與水壩）來確保農作需要的水，並且興建堤防、堤岸、堤壩、攔河堰與灌溉水渠，盡可能將發生洪水的危險降到最低。[27]

人類中心論

我不斷試圖抑制自己人類中心論的傾向（雖然可能是徒勞），但真正讓我印象深刻的是，河流工程的醫源效應是如此集中在智人，忽視了其他非人類生命。這種重視與探討醫源病的作品一樣，總是專注探討醫療程序如何影響接受治療的病人，卻很少探討醫療程序的廣泛影響，更不用說對非人類生命的衝擊。人類在一定程度上受惠於河流工程，不論是灌溉用水、農業土地的排水、旅行與航行，以及減少洪水的發生，都讓人類生活更加便利。但人類也因河流工程而受害。整體來說，流域內的森林砍伐、以一年生的淺根作物或牧地取代多樣的老森林，以及河流截彎取直，都造成大乾涸。河流的侵蝕量與沉積物大為增加，在潮溼的雨季沉澱得更多，當洪水脈動時，河水的流速也大幅加快。如果我們增建堤防與堤岸，把洪水脈動限制在主河道內，河裡的沉積物便無法進入氾濫平原、溼地與生物多樣的過渡區，那麼除非河水的流速足以沖刷河床，否則絕大多數的沉積物都將沉澱在河床上，屆時可能讓河床的高度抬升超過鄰近的氾濫平原。

另一個驚人例子發生在開封附近，黃河就是在開封進入坡度平緩的氾濫平原。這種因人類干預而弄巧成拙的效應並不罕見（另一個例子是密西西比河下游），但中國的例子最引人注目。

國家必須掌握具生產力的人口並且保護他們不受洪水侵擾，有一個適切的詞得以形容這種現象，那就是政治鎖定（political lock-in）。這個詞不僅可以適用於古代王國，也可以適用於現代民主國家。一旦具有繳稅能力且數量不斷成長的人口定居在河流旁邊的肥沃氾濫平原上時，國家會基於重大的利害關係而必須保護這些人口以及他們提供的服務。在民主背景下，有權投票的人與他們的代議士會堅持，無論代價多少，國家都應該保護他們的土地、房子與生意，這些人的政治影響力往往得以主導當代政治。今日，無所不在的成本效益分析要求所有的基礎建設計畫都要概略地描述經濟效益——如果你承諾堤防可以防洪，那麼因此得以開闢的農田、店鋪、生意與產業的生產力可能是多少。[28]

阻擋洪水脈動淹沒農地，會讓土壤因此無法獲得豐富的營養。許多地方的農民為了避免土壤無法得到營養，於是在堤防上鑽幾個小洞，讓珍貴的褐色河水流出。阻擋河水的第二個結果是加速大乾涸，因此導致氾濫平原地層下陷。我們在伊洛瓦底江三角洲幾個外圍環繞著馬蹄形堤防的村落，發現小規模的地層下陷。這兩個過程互相影響，改變了地貌。在馬蹄形堤防外，沉積物持續堆高，而種植作物的氾濫平原則持續下陷。此消彼長之下，未來顯然將發生更嚴重的洪災。

想要完全防止洪水，與想要完全防止細菌感染，兩者非常相似。值得注意的是，這兩個例子顯然都屬於醫源效應。飼養牲畜時大量使用抗生素，就像人類只出現輕微的感染就施打抗生素一樣，都會創造出一個演化力場，使擁有抗藥性的細菌更容易存活下來。當具有抗藥性的細菌（念珠菌）取代不具抗藥性的細菌時，有時會掀起尋找新抗生素來消滅細菌的熱潮。這場競爭恍若軍備競賽。

防洪雖然與基因構成無關，但也遵循相同的路徑。為了防止所有的洪水，於是興建攔河堰、堤防與堤岸將河流限制在河道。森林砍伐、侵蝕與排水不良導致沉積物在河床堆積，河床高度因此逐漸超過周圍的氾濫平原。防洪設施在設計時，確實預留給河流更多的空間，希望即便河流水位高漲，也不至於溢過堤岸與堤防頂端，藉此減少水災發生的頻率。然而，一旦堤岸與堤防失靈，由此釋放的洪水很可能帶來更大的破壞。原本想阻擋所有的洪水，最後卻引發更災難的洪患。一九二七年與一九九三年，防洪設施完善的密西西比河流域出現超大洪水，破壞城鎮與村落、農地與工廠的程度前所未聞。[29] 鮮為人知的醫源效應加重了洪水持續的時間與破壞力。大量洪水堵在堤岸與堤防後面無法退去，因為堤岸與堤防阻擋洪水重新回到主河道，導致洪水只能緩慢地等待排水與蒸發。

洪水與野火純屬自然現象。早在智人出現在地球的數千年前就已經有洪水與野火。即使到了今日，絕大多數的洪水與野火也非人類引起。洪水與野火有其用處。洪水可以去除許多食物的毒素，灌溉、滋養作物與牲畜，更可以轉動水車來磨碎穀物。火也是人類最早使用而且最強大的工具，人類用火來整地、烹飪與取暖，更不用說火可以讓掠食者不敢越雷池一步。人類想除去洪水與野火這兩項重要資源，卻帶來了反效果。過去八十年來壓制野火的結果，反而累積了太多可燃物質，發生野火的次數確實減少，然而只要一有野火出現，就會像現代洪水一樣，一發不可收拾。

其他的生命呢？

「醫源性」這個詞彙對我們的討論來說意義深遠。「醫源性」顯示在治療疾病時往往會出現意想不到的副作用，而這個副作用不僅會抵消治療的效果，甚至可能造成更難治療的嚴重疾病。醫源性的概念讓我們注意到人類努力防洪與盡可能迅速撲滅野火的做法，很可能帶來難以預見的結果。然而，我們在思考這件事時，依然存在著嚴重瑕疵。醫源性的思考完全聚焦於對人類產生的後果，至於其他物種受到什麼影響，則不在考慮之列。

這種邏輯顯然忽視了數量與種類都極為龐大的生物，這些生物構成了營養金字塔的底部並且支撐起哺乳動物與人類的世界。唉，正如托姆・范杜倫（Thom Van Dooren）所言：「人們普遍對無脊椎動物存有偏見。」[30] 無脊椎動物大約占了地球上所有生物的百分之九十五到九十七。其中有蜜蜂、螞蟻、蒼蠅、蝴蝶、蝸牛、軟體動物與甲殼動物如蝦、螃蟹與螯蝦（僅舉數例）。河流的每一條支流各自流經獨特的土壤與地貌，帶著河中的無脊椎動物與脊椎動物進入河流主流。遺憾的是，人類對於無脊椎動物（特別是昆蟲以及水生植物）的健康狀態與數量的資料極為缺乏，也沒有深刻的時間向度資料，原因大家都心知肚明。烏龜與青蛙顯然是人類選擇性無知的例外，但無論在緬甸還是世界各地，烏龜與青蛙都可能立即滅絕。如同瑞秋・卡森（Rachel Carson）意識到嗚禽的消失，透過觀察可以發現，我們正以每年百分之二的速度失去昆蟲，這個數字之快史無前例。德國一項研究顯示，過去二十七年來，所有昆蟲合計的總重量減少了百分之七十五。此時終於有人談到昆蟲的末日問題。[31] 這些觀察哪怕只有一絲絲真實性，也足以讓我們重視食物鏈最底層的物種，包括那些重要的傳粉者。

智人為了建立社會而改造自然，結果就是導致某種形式的生態滅絕，人們開墾土地、建造堤防與灌溉溝渠，光是以單一作物取代其他植物，就嚴重破壞了生物多樣性。其中被破壞得最明顯的莫過於河流周邊脆弱的淡水環境。淡水物種消失的數量，是半海水與海水物種的兩倍。實際上，生物多樣性的損失完全是人類造成的。[32]

棲地被破壞是生物多樣性減少的主因，且多數是因為人類基於自身目的挪用（甚至是盜用）非人類棲地的水資源。在世界各地，人類占用超過三分之一的地表水，只為了滿足自己。[33] 人類占用水資源的結果，導致四成的淡水水生植物可能滅絕。我們至少可以從兩個觀點來檢視這個過程。首先是承認從新石器時代晚期以降，人類為了擴張聚落與耕地，便砍伐森林、排乾溼地、堵塞氾濫平原，更創造出容易侵蝕的河岸。雖然人類擴張所需的地貌，與兩棲類、昆蟲、水生植物和習慣在氾濫平原覓食的魚類所需的地貌顯然水火不容，但由於人口與耕地面積的擴張緩慢，使得這種矛盾並不明顯，對非人類物種的衝擊也同樣不易察覺。第二個觀點是把人類視為入侵物種，就像河狸一樣，會依照自己的心意改造環境。

從動植物的生物多樣性來說，熱帶水路顯然要比溫帶水路更為豐富，生命力更強。人類作為入侵者，中斷而且破壞了這些水路複雜的生產力。首先，人類排乾溼地，興建水壩進行灌溉，建造堤防與堤岸使河水無法進入氾濫平原，這些做法剝奪了非人類物種維持生命的水資源。其次，人類改造地貌，在原本擁有沼澤、紅樹林與豐富動植物的複雜環境上，大量種植一年生作物，破壞生物多樣性。人類的行為也造成生態破碎，原有的環境連結被大量移除，絕大多數的過渡區，也就是連結乾燥與潮溼地區的中間地帶，也被破壞殆盡。

乾燥區與緬甸的核心地區使用了伊洛瓦底江七成的地表水，而西部的穆河河谷則在乾季抽取了百分之四十八的穆河河水。在現代，剩餘的河水很可能受到肥料、逕流、除草劑、殺蟲劑、汙水、工業廢水與塑膠微粒汙染，這些有毒物質累積在下游地區，從蒙育瓦與實皆遍布到三角洲。在這些毒物汙染下殘存的動植物，正陷入愈來愈艱困的生存危機。

河流工程的軟路徑或硬路徑

人類中心論的河流研究，往往忽視了非人類的生物，因此我希望將本書關注的焦點放在非人類的生物上，然而我可能因此忽略了人類其實也是生活在河邊的哺乳動物，人類也有資格在河流周邊地區生活——儘管如此，這並不表示人類可以完全依照自己的意志改造河流，例如：把河流當成航行河道，把河流改造成一連串的灌溉池塘與水庫，把河流當成汙水管或一連串發電用的水壩。這種把河流改成固定路徑的工程形式，涉及大規模的疏浚、興建堤防與截彎取直。簡言之，要將河流改造成聽話、可預測、受控制的單一商品機器。我們已經解釋過，這種硬路徑工程，特別是預防少數小洪水的工程，反而提升了超大災難性洪水發生的機率。[34]

硬路徑河流工程背後的邏輯是，流下來的水如果無法推動渦輪機或用來灌溉農作物，就表示水被白白浪費了。然而這種看法十分短視。河流意味著活生生的水文社群，能夠讓大量動植物產卵、覓食與獲得庇護，這裡養活了藻類、昆蟲、江豚等各式各樣生命。如果能讓支持生命的流域系統自由移動，此地的繁殖力與生物多樣性，勢必超越其他自然系統。這類工程試圖榨出河流的最大收益，反而破壞了河流賦予生命的特質，長久下來將使河流喪失生產力。成本效益分析根本無法看出河流如何催生生物多樣性。成本效益分析與隨後衍生出來的生態系服務（ecosystem services），骨子裡充斥著令人瞠目結舌的傲慢心態。[35]我們如此無知，完全無視環境與物種之間的連結，如果我們還認為硬路徑工程師比河流還了解河流，豈不是過於妄自尊大。

那麼，什麼是軟路徑的河流工程？想要了解軟路徑的精神，我們可能要將其比擬成森林裡的步行小徑。想像有一棵樹倒下來，橫亙在小徑上。軟路徑的回應如同道家的精神，直接讓小徑繞過這棵倒下的樹。比較具干預性的做法是移除這棵樹，恢復原先的小徑。干預性更強一點的，則是索性拉直與重鋪這條路，使這條路永久地嵌入地貌之中。當然，真正現代主義巔峰期的做法，則是開闢一條超級高速公路，剷除地貌，讓推土機筆直前進，移除所有的地形障礙。軟路徑工程有一個獨特優點，那就是保持謙卑，承認人類對河流移動與其對環境的影響了解甚微。與硬路徑工程不同，軟路徑工程接受河流移動的反覆無常，除非有別的證據，否則會認定河流的這項特質是有價值的。蜿蜒曲折、回水區、暫時性溼地、辮狀河流、沼澤，這些在硬路徑工程來說如同眼中釘的特質，對軟路徑工程來說，則是維持生命的關鍵。

世界水壩委員會（World Commission on Dams）在二〇〇〇年提出報告，要求放棄以往硬路徑工程的做法，這或許是迄今為止最關鍵的時刻。[36] 委員會指出，過去以來，人們過度偏好大型水壩，事實上水壩的社會成本極高，容易產生預期外的環境成本，而且幾乎所有的水壩都未能獲得原計畫指出的效益。委員會建議，高度不超過十五公尺的水壩，比較有可能達成效益。此後，開始出現一連串減少水文干預的水壩提案，包括攔河堰、川流式水壩與單錨式渦輪機，其中單錨式渦輪機可以利用水流產生電力，足夠滿足一個村落所需。

環保機構與非政府組織紛紛提出恢復溼地與氾濫平原的計畫。他們提議復原曾經實施硬路徑工程的地貌，他們的建議也確實明顯改善原本遭受破壞的生物多樣性。隨著這類恢復行動如火如荼地發展，各地也提出把河流視為生命的概念，現在甚至有人嘗試立法賦予河流人格，如同當地原住民的信仰。然而，當大量農民、房產擁有者、產業界與他們的代表愈來愈仰賴短期利益來獲取安全的生活時，這些試圖恢復原有地貌的呼聲根本無法撼動現狀。遺憾的是，這些既得利益者跟想大幅干預自然世界的地理工程師，很可能持續主導工程走向。或許最令人沮喪的是，即使是軟路徑工程，實際上也是為了滿足智人的需求，例如提供飲用水與灌溉用水，以及發電與防洪。非人類物種與人類都需要無汙染的水，這是河流帶來的最大利益。有了無汙染的水，才能養活魚、蝦與軟體動物，這些全是緬甸人飲食的核心。

＊　＊　＊

黑格爾曾經說過一句名言：「米娜瓦（Minerva）的貓頭鷹只在黃昏時飛行。」當人們逐漸了解他們重新設計林地造成多大的環境災難時，德國人創造了「森林死亡」一詞，並且開始著手創造更具生命多樣性的森林。同樣地，荷蘭人原本以擅長水利工程與海爭地著稱，近十年來卻轉而推動「還地於河」（Make Room for the River）運動，等於承認他們過去的土地開墾讓自己陷入失敗而且破壞了環境。科學林業以及與海爭地的先驅，早早體悟到技術有其限制，承認這些做法最終招致超乎預期的成本。或許我們可以從他們剛尋得的謙遜中，找到一絲樂觀的微光。如果我們能聆聽伊洛瓦底江的聲音，留意其中非人類生物發表的意見，我們將可邁出全新的步伐，走上更有希望的道路。

編輯說明

為方便讀者檢索與搜尋，《讚美洪水》書末所附的圖片來源皆全數數位化，請掃描以下QR Code閱讀或下載：

SCAN ME

或洽「衛城出版」的Facebook、Instagram、Threads 等社群平臺，會由專人服務協助，亦可直接來信至電子郵件信箱acropolisbeyond@gmail.com索取，謝謝。

若造成您的不便，敬請見諒。

衛城出版編輯部

翻譯對照表

中文	緬文	英文
伊洛瓦底江	ဧရာဝတီမြစ	Ayeyarwady
瑞麗江	ရွှေလီမြစ်;	Shweli
密松	မြစ်ဆုံ	Myitsone
密埃河	မြစ်ငယ်	Myitnge
穆河	မူးမြစ်	Mu River
欽敦江	ချင်းတွင်းမြစ်	Chindwin River

html.

33 美國最高法院在二〇一三年做出了糟糕的裁定，認定除非某地的水體藉由地表與更廣大的永久水體相連，否則不應依據溼地保護立法受保護。只有對環境的認識僅達文盲程度的人才會做出這種裁定。

34 Peter H. Gleick, "Water Management: Soft Water Paths," *Nature* 418, no. 373 (2002), https://doi.org/10.1038/418373a. 調適性管理將環境與制度脈絡列入考慮，對這方面有興趣的讀者，我推薦 Lance H. Gunderson and C. S. Holling, eds., *Panarchy: Understanding Transformations in Human and Natural Systems* (Washington, DC: Island, 2012)。

35 這種將生態事實「偷渡」到成本效益分析的技術稱為「生態系服務」，河流自然生產的產物實際上被商品化而且以貨幣單位加以計價。舉例來說，醫療用植物、建材、燃料與糧秣。實際上，這些服務全都是依據它們提供給智人的東西而對非人類生命做出的貢獻來評價。

36 World Commission on Dams, *Dams and Development: A New Framework for Decision-Maing; The Report of the World Commission on Dams* (London: Earthscan, 2000).

Issues, and Areas for Research," (US-Italy Research Workshop on the Hydrometeorology, Impacts, and Management of Extreme Floods, Perugia, November 1995)。另外福克納關於洪水的中篇小說《老人》也值得一讀。

30 引自 Kate Simpson, "Snail's Race to Extinction," review of *A World in a Shell: Small Stories for a Time of Extinctions*, by Thom Van Dooren, *Time Literary Supplement*, May 19, 2023, 18。

31 這類發現也讓人開始質疑我們用來評估地球變遷的時間單位是否有問題。許多環保人士主張，每個世代都以自己的環境作為基準（例如，在每個世代眼裡，總是覺得昆蟲與植物的數量最多），因此未能察覺到長期數量的衰退，這種長期衰退只有放在更長期的時間視界上才能發現。

32 二〇二三年十二月，在一份提交給氣候峰會（Climate Summit）的報告中，國際自然保護聯盟（Internation Union for the Conservation of Naure）表示，全世界的淡水魚有四分之一正面臨滅絕的危險。百分之五十七的滅絕原因來自於肥料與殺蟲劑的地表逕流，淤積的河流，整地與溼地排乾，以及人類與工業廢水。其餘的原因是水壩與灌溉使得淡水魚無法得到充分的水資源，此外過度捕撈與疾病則是相對輕微的原因。百分之四十二的兩棲類數量正在減少，屬於淡水生物中數量減少最多的類別。Catrin Einhorn, "A Quarter of Freshwater Fish Are at Risk of Extinction, a New Assessment Finds, " *New York Times*, December 11, 2023, https://www.nytimes.com/2023/12/11/climate/climate-change-threatened-species-red-list.

Strawberry Industry (Berkeley: University of California Press, 2019).

27 早期討論國家與水控制的作品，絕大多數都過於強調國家在灌溉、滯水池、梯田與一般防洪上扮演的角色。例見Karl August Wittfogel, *Oriental Despotism: A Comparative Study of Total Power* (New Haven: Yale University Press, 1957)。世界各地的前現代灌溉與防洪系統，絕大多數都是由一個或多個村子共同完成，他們自願動員自己的勞動力在地方上建造水網絡與管理地方上的水資源。

在本書中，我交替使用了dike與levee這兩個字。然而，嚴格來說，dike是阻止水淹沒土地的屏障，但這片土地正常來說應該位於水中，levee也是阻止水淹沒地貌的屏障，但這片地貌正常來說應該是乾的，只是會受到洪水或大潮的威脅（！）。

28 Martin Doyle, *The Source: How Rivers Made America and How America Remade Its Rivers* (New York: Norton, 2018), 90-92. 杜爾尼精彩描述了這個詭異的流程，所有這類基礎建設（例如水壩與堤岸）必須進行的成本效益分析，其實都是「被操弄的」。等式的效益側取決於當洪水被防止的狀況下，能夠興建的農地、社區、工業區乃至於城市的價值與獲利。這等於是以防洪計畫能夠促成的發展來證成防洪計畫的合理性。即使如此，杜爾尼隨後的分析更顯示，計畫的效益往往被誇大，而成本往往被低估。

29 一九二七年與一九九三年的大洪水最具啟發性的分析，見John M. Barry, *Rising Tide: The Great Mississippi Flood of 1927 and How It Changed America* (New York: Simon and Schuster, 1997); and Jeremy E. Gallowa Jr., "Learning from the Flood of 1993: Impact, Management

人增加到六十億人。戴利也提到細菌的指數成長：「我們的處境就像一則著名的難題。如果培養皿上的細菌每小時增加一倍，第一天正午你在培養皿上接種細菌，培養皿會在兩天後的正午長滿培養皿（然後，細菌數量會大減，因為食物資源已經耗盡，整個培養皿將滿滿都是殘渣），那麼何時培養皿會半滿？答案當然是最後一天的早上十一點。早上九點時，培養皿還有八分之七的資源可以支撐持續成長。問題在於，對人類來說，現在離正午還有多久？」Herman E. Daly and Jason Farley, *Ecological Economics: Principles and Applications*, 2nd ed. (Washington, DC: Island, 2011), 112.

25 弔詭的是，在醫院裡，病毒、細菌與真菌出現猛烈抗藥性菌株，原因往往不是因為沒做好衛生，而是衛生做得很好。我們現在知道，這種效應在小兒麻痺症上面特別明顯。如果有人在孟買為六歲到十四歲的孩子抽取血液樣本，人們會發現絕大多數孩子都有小兒麻痺症病毒的抗體，顯示這些孩子在嬰兒時期就已經感染病毒，而這個時期的感染通常不會有症狀。由於衛生條件改善，很多人在嬰兒時期都未曾感染小兒麻痺症病毒（小兒麻痺症病毒通常是經由糞口傳染），但這些人在成年初期一旦感染小兒麻痺症病毒，就很有可能形成嚴重的病症。在非常衛生的環境下長大的人（絕大多數是西方人與都市人），在嬰兒時期也許免於遭受不具威脅性的感染，但代價卻是在過了青春期之後，終其一生都要受到病毒感染的生命威脅。我們將會看到，同樣的原則也出現在防洪上：為了防止小災害而採取的預防措施，最終反而換來更大的災害。

26 Julie Guthman, *Wilted: Pathogens, Chemicals, and the Fragile Future of the*

英里，但中間相隔崇山峻嶺來得緊密。伊洛瓦底江也是如此：在長達五百英里的可航行河段兩岸，可以發現緬甸的語言、種族認同、服飾與神靈崇拜，然而從河岸往內陸移動三十英里，就會發現不同的語言、不同的種族認同與不同的宗教。伊洛瓦底江流域不僅統一了非人類的河流周邊物種，也統一了人類居民。

19 引自Cioc, *The Rhine*。

20 這些作品的簡要描述見Patrick McCully, *Silenced Rivers: The Ecology and Politics of Large Dams* (London: Zed Books, 1996)。

21 在使用化石燃料之前，瀑布線是早期工業的發展關鍵。瀑布線提供水力轉動磨坊，磨坊水槽收集這股無生命的力量，使其推動織布機與鋸木的鋸子運轉，使用水力時，唯一的成本只有基礎建設。見Stefania Barca, *Enclosing Water: Nature and Political Economy in a Mediterranean Valley, 1796-1916* (Isle of Harris, UK: White House, 2010)。

22 在中國的技術與財務支持下，緬甸軍方計畫在上游興建一座非常大型的水壩。在建造初期，爆發了大規模示威活動，迫使軍政府將工程無限期推遲。某種程度來說，這場示威標誌著民眾向軍方抗爭的起點，而後演變成革命性的內戰，到今日已是第三年。

23 Bishop Svarup, D. G. Harris, and J. Shaw, *Report of the Orissa Flood Committee* (Patna: Superintendent Government Printing, 1928), 13.

24 環境經濟學家赫爾曼．戴利（Herman Daly）首先使用指數成長一詞，他要求限制全球產出與人口成長，全球的總產出在二十世紀成長超過三十六倍，而全球人口則成長將近原來的四倍，從十六億

Anthropological Critique of Development, ed. Mark Hobart (London: Routledge, 1993), 209-27.

12 Vaclav Smil, "Eating Meat: Evolution, patterns, Consequences," *Population and Development Review* 28, no. 4 (December 2003): 599-639.

13 為了便於討論，我並未把馴化的挽畜包括在內，例如驢子、馬、駱馬與耕牛。

14 值得一提的是，與一般家畜不同，家豬也能在野外存活，甚至能夠大量繁衍。從這點來看，豬就像香蕉、黃水仙與鮭魚這類物種一樣，可以在野外與人工飼養之間來回移動。

15 Marc Elvin, *The Retreat of the Elephants: An Environmental History of China* (New Haven: Yale University Press, 2006), 137-38. 潘季馴也在離主堤約一公里或更遠的地方興建「遙堤」作為第二道防線。

16 Meir Kohn, "The Cost of Transportation in Pre-industrial Europe" (Working Paper no. 01-02, Department of Economics, Dartmouth College, January 2001), https://ssrn.com/abstract=256600 or http://dx.doi.org/10.2139/ssrn.256600.

17 Marc Cioc, *The Rhine: An Eco-Biography, 1815-2000* (Seattle: University of Washington Press, 2006).

18 雖然我們已經從商業的角度檢視過航行，但我們仍須了解，航行也促進了社會與文化連結。費爾南・布勞岱爾經典作品的第二章有一個重要洞見是，兩地相隔三百英里但有一條容易航行的水路聯繫，其社會、宗教、語言與習俗上的連結，遠比兩地相隔僅二十到三十顯然是低估了。

5 早期黃河國家的雜穀（另一種穀物）是例外。

6 我認為，豆類的缺點在於它們是相繼成熟而非同時成熟，因此當收稅人員過來時，只有部分果實可以採收。塊根與塊莖通常無法一目了然，事實上，塊根與塊莖可以埋在土裡兩年或甚至三年，種植者可以有空時再來挖掘。

7 眾所周知，在尚未開墾的土地上種植某種栽培品種，或者在這個栽培品種從未種植過的土地上種植，很容易出現豐收。我們把這種現象稱為「蜜月期」，在這段期間，這個作物的「敵人」尚未在這片土地落腳，而當地的寄生蟲又還沒適應新植物。有人認為，當小麥從中東傳到歐洲時，曾經持續了長達四百年的蜜月期。

8 實際的狀況並非全然如此。事實上，每個巨大的樹沼、酸沼、鹼沼或草沼都有人居住，他們會在這些溼地從事捕魚、狩獵、採集與些許農業活動，並且從溼地取得豐富的生計資源。居住在這些地區的人，往往強烈反對排水工程。溼地與草沼也是戰敗的叛軍、逃跑的奴隸、逃避兵役與開小差的士兵、罪犯、遭到迫害的官員等人避難的地方。例見中國的經典小說《水滸傳》。

9 喬治・伯金斯・馬許的《人與自然》就是一個例子。雖然成書於十九世紀中葉，但馬許的分析卻有先見之明。

10 更詳細的說明，見我的*Seeing Like a State: How Certain Schemes to Improve the Human Condition have Failed* (New Haven: Yale University Press, 1998), 11-22.

11 Jan Douwe van der Ploeg, “Potatoes and Knowledge,” in *An*

廓，這些都是相當具有價值的研究。每一種物種都是名副其實的感受百科全書，我們對這些物種的認識才剛剛開始。我不會妄想自己已經克服了重重阻礙。我當然可以選擇不讓這些非人類的物種發聲，但最終我還是決定，儘管這麼做可能很不適當，透過非人類物種的聲音，來表達河流的變遷如何衝擊他們的生命週期。我要預先致上歉意，我無法公允地表現這些物種完整的生命世界。

2 如果還有人不相信對自然世界的命名是一項帝國計畫，那麼看看oriental darter這個名字，自然就會破除他們的幻想。

第六章　醫源性效應

1 這裡存在著部分例外，控制陸路或水路貿易路線重要咽喉點的小國，可以向來往的商隊抽取糧食與貿易商品。在西元時代初期，廷布克圖（Timbuktu）與麻六甲這兩個迷你國家就是例證。

2 關於這種脆弱性，更詳細的說明見我的*Against the Grain: A Deep History of the Earliest States* (New Haven: Yale University Press, 2017)的第三章 “Zoonoses: A Perfect Epidemiological Storm”。

3 與海爭地曾是荷蘭民族認同不可或缺的一部分，例見Johan van Veen, *Dredge, Drain, Reclaim: The Art of a Nation* (The Hague: Martinus Nijhoff, 1955)。但在最近，荷蘭環境工程師開始把低窪的開拓地還給大海，而一些運動，例如還地於河（這裡指馬士河〔Maas River〕），也質疑與海爭地的說法是否明智。

4 未被記錄的物種還有很多，從植物學家辨識的速度來看，這個數字要將這些物種難以理解且獨特的感受簡化成書面的對話，似乎也有些荒誕，甚至有點不尊重。這種描述風格的經典作品，同時也是生物符號學的奠基之作，就是出版於一九三四年由Jakob von Uexküll撰寫的*Streifzüge durch die Umwelten von Tieren und Menschen*（《初探動物與人類世界》）（Berlin: Verlag von Julius Springer）。他創造的詞彙Umwelt，指每個物種獨特的知覺世界，引發很大的回響。他的作品中最常被引用的例子是壁蝨的知覺世界。

今日，我們對植物與動物神奇的認知與溝通模式已有長足的認識，似乎已經沒有為非人類世界的「地位」辯護的必要。由於伊洛瓦底江豚在接下來的描述中舉足輕重，讀者可以參考以下任何一個對江豚「世界」的描述：Hal Whitehead and Luke Rendell, *The Cultural Lives of Whales and Dolphins* (Chicago: University of Chicago Press, 2014); Janet Mann, ed., *Deep Thinkers: Inside the Minds of Whales, Dolphins and Porpoises* (Chicago: University of Chicago Press, 2017); 以及Denise L. Hertzing and Christine M. Johnson, eds., *Dolphin Communication and Cognition: Past, Present, and Future* (Cambridge, MA: MIT Press, 2015)。

Jesper Hoffmeyer編輯了一套多達二十冊的叢書，專門探討生物符號學的各項發展，這套叢書由Springer出版。最近一部探討物種特定感受的作品是Ed Yong的*An Immense World: How Animal Senses Reveal the Hidden Realms around Us* (New York: Random House, 2022)。討論樹木與菌根連結的作品如雨後春筍般大量出現，這些作品追溯非人類各種經驗世界的方式，並且試圖描繪出大致的輪

4 Ayeyarwady Integrated River Basin Management (AIRBM) Project, *Ayeyarwady SOBA 2017: Synthesis Report, State of the Basin Assessment*, vol. 1 (Yangon: Hydro-Informatics Centre, 2017). 據我所知，這應該是針對過去半個世紀以來伊洛瓦底江的水文、地貌、汙染、水壩與變遷所做的最全面與最仔細的調查報告。這份報告的研究與判斷使我對整個伊洛瓦底江盆地有了更深刻的了解。我特別要感謝參與這項計畫的夏爾—羅本·格魯爾與伯努瓦·伊瓦爾斯，感謝他們讓我注意到這份報告與其他的相關研究。

5 緬甸的環境政治活動少有的一場勝利是成功阻止在恩梅開江與邁立開江匯流處，也就是伊洛瓦底江的源頭設立水力發電水壩，當時這項工程已經在二〇〇七年開工。儘管如此，這場勝利卻未能讓地方人士阻止當局在伊洛瓦底江的幾條主要支流、錫當河以及薩爾溫江興建水壩。

6 「官方」宣布的納吉斯颱風死亡人數大約是十四萬人，不過掌握各項資訊的觀察者認為實際的死亡人數要高出許多。二〇一五年，我跟在三角洲米廠工作的五名男子提到這件事，他們每個人都在這場風災中失去所有的家人，其中只有一名男子的女兒幸免於難，而她能活下是因為她被綁在樹上。

第五章　非人類的物種

1 對於是否該這麼做，我考慮了很久。每一種生物體驗世界的方式大不相同，而我試圖捕捉所有生物的反應，似乎顯得太自以為是。而

13 造成伊洛瓦底江改道的原因仍有爭議，有人認為是波巴山火山活動造成的，有人認為是構造板塊運動引起的，也有人說是沉積作用引發的。

14 Ivars, "More Than Rice," 227.

15 Ivars, "More Than Rice," 209. 我們禁不住思索這種普通法程序的微觀政治。「主」河道很可能因為判斷時間的不同而有所差異，例如在雨季的洪水期，或者在乾季與溼季之間。此外，主河道每年變動的例子很常見，可能在洪水巔峰期溢出舊河道沖刷出全新的河道，或者是直接跳到已經長久荒廢的河道。精確地說，在什麼時間進行裁決相當關鍵，而且似乎沒有「重來」的例子。

第四章　干預

1 這種對工程改良的崇拜，源自於二十世紀初的優生運動。人們鼓吹對動植物進行育種，以培養出符合人類需要的動植物，這種想法進一步延伸的結果，人類開始以育種的方式培育完美的智人。

2 例見Ian Hacking深具啟發性的作品 *The Taming of Chance* (Cambridge: Cambridge University Press, 1990).

3 這裡只有估計數字，因為緬甸當局並未進行可靠的人口普查。少數民族（非「緬甸人」）占總人口的比例是個政治敏感話題，一般認為少數民族大約占緬甸總人口的三成或甚至更多。近年來，由於經濟表現欠佳，加上二〇二一年二月軍事政變後採取的鎮壓手段，導致許多民眾逃離緬甸，雖然沒有確切數字，但相信人數相當龐大。

所有這些沉積物最終會在下游土壤較不鬆軟，河道並未深入切割地表的地帶廣泛地外溢堆積。

7 二〇一六年，我傑出的研究助理麥克・雷布沃爾撰寫的報告，使我開始了解伊洛瓦底江的地質與水文歷史。

8 發生特大洪水時，這種回漲的狀況並不罕見。威廉・福克納（William Faulkner）在中篇小說《老人》（*Old Man*）中曾描寫一個令人吃驚的例子，在一九二七年密西西比河大洪水中，兩名犯人划著小船試圖解救困在堤岸上的人群。在密西西比河的支流亞祖河（Yazoo River）上，兩人驚訝地發現，他們的船被水流沖往上游，而非帶往下游。「〔這名犯人〕只確定一件事，那就是〔亞祖河〕正在逆流而上。」William Faulkner, *The Faulkner Reader* (New York: Modern Library, 1959), 353-432.

9 在雨季脈動之前，四月會先出現規模較小的洪水脈動，其時點與規模取決於喜馬拉雅山脈的冰河融化與融雪。

10 移動不光是由營養來源決定。安全與適合的產卵地點也有助於解釋遷徙模式。

11 伯努瓦・伊瓦爾斯在他的"More Than Rice"中詳細且生動描述了相對晚近的大型商業洪水退卻捕魚作業，動用了數十名人力，費時數月操作魚梁以捕撈三角洲的鼠眼鮀。

12 早在人類與工業廢棄物之前，伊洛瓦底江就與其他河流一樣，也在洪水脈動中把河流周邊地貌的碎屑一掃而下，包括翻動的淤泥與黏土、植物殘骸、死去的無脊椎與脊椎動物、哺乳動物與鳥類的屍體，以及以這些碎屑維生的細菌。

住與河流貿易的廣大氾濫平原。薩爾溫江只有從河口往上游約九十公里的河段適合航行，進一步限制了貿易與定居的範圍。薩爾溫江值得人們投以更多關注。

5 這些小支流絕大多數流經缺乏雨水的乾燥區，並且成為當地灌溉農田的命脈，而這片農業地區正是緬人（與驃人）文明的核心。本書描述這些河流所需的資料與圖片，除非另有提及，否則全出自伯努瓦．伊瓦爾斯與夏爾—羅本．格魯爾等人涵蓋廣泛的作品，我參考了他們的詳細研究發現與報告。Benoit Ivars, “More Than Rice: A Contribution to the Ethnographic History on Resource and Frontier-Making in the Ayeyarwady Delta” (PhD diss., University of Cologne, 2022); Charles-Robin Gruel, “Sédimentation et érosion dans le Delta de l’Ayeyarwady: Focus sur trois archipels situés sur le cours principal du fleuve” (report prepared for the World Wildlife Fedration, June 2018); Charles-Robin Gruel, Jean-Paul Bravard, and Yanni Gunnell, *Geomorphology of the Ayeyarwady River, Myanmar: A Survey Based on Rapid Assessment Methos* (Washington, DC: World Wildlife Fund, 2016); Ayeyarwady Integrated River Basin management (AIRBM) Project, *Ayeyarwady SOBA 2017: Synthesis Report, State of the Basin Assessment*, vol. 1 (Yangon: Hydro-Informatics Centtre, 2017).

6 在土壤鬆軟的河段，伊洛瓦底江深刻地切割地表，然而由於季風雨脈動早在伊洛瓦底江溢過河岸之前已經淹沒了整個平坦地帶，使得伊洛瓦底江河道裡的大量沉積物無法擴散出去。在這種情況下，被水淹沒的平坦地區的沉積物與河道裡的沉積物呈現平衡狀態。而

8 Marsh, *Man and Nature*. 269-70n18對於這個過程做了簡短而吸引人的摘要。他把Wijnand C. H. Staring, *De Boden van Nederland I* (Haarlem: A. C. Kruseman, 1856), 36-43當中較為詳細的描述做了簡化。

中場時間

1 茂茂烏與奈因頓林是這些文章的重要共同研究者。我編輯他們的文章，使其更加簡潔明瞭。茂茂烏與奈因頓林對於「納」的描述，充分顯示緬甸人對於自然力量有著更廣闊的理解，尤其他們不像水文學者那樣只是一味地想馴服伊洛瓦底江，而是想了解這條河的歷史與變化無常。對於住在伊洛瓦底江沿岸的居民來說，納與這條河密不可分，包括這條河獨特的歷史、生平與性格，這條河的威脅與利益，以及這條河隱約扮演著守護的中間人，維護著沿岸居民的安全。

2 我對熱帶水路生態的知識來自David Dudgeon的選集：*Tropical Stream Ecology* (Amsterdam: Academic, 2008)。

3 Dudgeon, *Tropical Stream Ecology*, 33. 書中也表示，在熱帶河流，整個生命週期持續在水路內進行遷徙的物種（例如蝦子）數量較多。

4 欽敦江與伊洛瓦底江合起來相當於緬甸另一條大河薩爾溫江（Thanlwin，又稱Salween，在中國境內稱為怒江），薩爾溫江發源自喜馬拉雅山區，流經中國西南部與緬甸東部，最後在下緬甸的毛淡棉注入安達曼海。薩爾溫江流經的絕大部分是少數民族地區，漫長的峽谷地形，使其無法像伊洛瓦底江一樣擁有適合大量人口居

Nature; or, Physical Geography as Modified by Human Action (New York: Scribner, 1864)提出具說服力的例子，說明前工業時代人類改變地貌的程度，特別是河流盆地。

2 雖然不像冶煉礦石那樣薪柴密集（firewood-intensive），但為了製造用來塗抹在住家內面與牆壁的灰泥／灰漿而需要進行的石灰熟化工作，同樣需要大量的薪柴。證據顯示，早在西元前六千年的古埃及，人們已經靠著燃燒薪柴來熟化石灰。

3 Robert T. Deacon, "Deforestation and Ownership: Evidence from Historical Accounts and Contemporary Data," *Land Economics* 75 no. 3 (1999): 341-59, https://doi.org/10.2307/3147182.

4 Steven Mithen, *After the Ice: A Global Human History, 20,000-5000 BC* (Cambridge, MA: Harvard University Press, 2003).

5 引自Ruth Mostern, *The Yellow River: A Natural and Unnatural History* (New Haven: Yale University Press, 2021), 85。這段話出自西元前三世紀，內容提到在古老的傳說時代，據說大禹曾為了維護國家權力而進行治水。

6 這項推論與緯度對生物多樣性的影響類似。與赤道地區相比，高緯度地區的環境限制較多，結果造成高緯度地區的物種種類較少（不過通常數量眾多）而赤道地區的物種種類較多（不過通常每一種物種的數量較少）。寒冷高緯度地區的樺樹與冷杉，與熱帶雨林繁多的樹木物種形成強烈的對比，這就是個明顯的例子。

7 Ellen Wohl, *Saving the Dammed: Why We Need Beaver-Modified Ecosystems* (Oxford: Oxford University Press, 2019), 6.

河流不會過於高漲、也不會過於低下的時候，因為後者可能帶來頻繁擱淺的危險。與密西西比河的筏夫一樣，伊洛瓦底江的筏夫也在船尾配備了長槳，讓筏子能增加一點操控性，然而筏子的速度無法快過水流，這意味著筏子完全「缺乏」舵效。還有一些例子是筏子本身也是貨物。在可以使用道路之前，賓州中部高地的農民每年只有一次機會可以將他們的商品（例如奶油、起司、威士忌、楓糖漿、皮草與鉀肥）運到市場。晚春時，溪水水位夠高，農民會利用這個時候建造筏子將農產品運往下游谷地的市集鎮。他們細心選擇木材來建造木筏，因為木筏本身也是商品的一部分。當這趟單程旅行來到終點時，木筏會被解體出售。當我待在位於賓州的小木屋時，我經常到一塊巨大的圓石上釣魚，當地人把這塊巨石稱為「奶油岩」（Butter Rock）。傳說提到，有一艘木筏在前往市集途中因撞上圓石而粉碎，從破損桶子裡潑出的奶油留在岩石上，在剩餘的春夏時節散發出陣陣腐化的惡臭。

26 我在這裡做了過度簡化。絕大多數前現代運輸牽涉到複雜的旅行環節，包括使用水路、馱獸與挑夫。但摩擦法則依然適用。劉易斯與克拉克（M. Lewis and W. Clark，編按：一八〇四至一八〇六年，美國總統傑佛遜批准這兩位陸軍人員組織探險隊）就希望藉由「水路」尋找西北航道。

第三章　農業與河流

1 喬治・伯金斯・馬許的洞見與分析讓我獲益良多，他的 *Man and*

Chaos, Common Property, and Flood Recession Agriculture," *American Anthropologist* 94:90-117, https://doi.org/10.1525/aa.1992.94.1.02a00060.

20 這裡，我參考了已經去世的Janice Stargardt的全面性作品*The Ancient Pyu of Burma: Early Pyu Cities in a Man-made Landscape*, vol. 1 (Cambridge: PACSEA, 1990)。

21 另一方面，君主象徵性地主張透過他們的神聖干預來保證豐收，這種做法也很常見。君主每年舉行耕田儀式是東南亞行之有年的做法。例見Pe Maung Tin and G. H. Luce, trans., *The Glass Palace Chronicle of the Kings of Burma* (London: Oxford University Press, 1923), 51。關於「乾燥區」的傳統農業，見Michael Aung-Thwin, *Irrigation in the Heartland of Burma: Foundations of the Pre-colonial Burmese State* (DeKalb: Northern Illinois University, Center for Southeast Asian Studies, 1990)。

22 這道疆界通常是種族、文化與語言的分界點，從低地人狹隘的眼光來看，它顯示了「文明」與「野蠻」的界線。關於這個主題較詳細的解說，見James C. Scott, *Against the Grain: A Deep History of the Earliest States* (New Haven: Yale University Press, 2017), chapter 7。

23 關於這裡與隨後的比較，見Scott, *Against the Grain*, 266n15。

24 直到二十世紀為止，密西西比河上也經常可以看見木筏。馬克・吐溫《頑童歷險記》(*Huckleberry Finn*) 的讀者應該記得，哈克與脫逃的黑奴吉姆搭乘這類木筏順流而下。

25 伊洛瓦底江的筏夫必須操控巨大而笨重的筏子。他們因此必須選擇

Mystery of Freshwater Mussels (Washington, CC: island, 2017)。我認為她的描述使非專業人士也能了解自然學家提出的模式。

15 Gascho Landis, *Immersion*, 70. 在提到貽貝「輻射分布」或定居於流域各地時，Ivan N. Bolotov 等人強調一萬二千年前到七千年前的古代高水位時期，許多流域其實是彼此相連的。"Ancient River Inference Explains Exceptional Oriental Freshwater Mussel Radiations," *Scientific Reports* 7, no. 2135 (2017), https://doi.org/10.1038/s41598-017-02312-z.

16 當然，農業年有自己的韻律，主要是由最重要作物的生長時程決定，特別是作物收成的時間。與狩獵和採集相比，農業顯然更需要辛勤的投入。然而相較於在辦公室上班的職員或工廠裡的工人，狩獵採集者與農民和自然韻律的關係顯然較為緊密，辦公室職員與工廠工人的移動符合的不是自然韻律，而是鐘點、機器與生產力規律。

17 這個地區擁有豐富的食物，主要由於鄰近海洋資源的影響，在胡安．德富卡海峽（Strait of Juan de Fuca）沿岸的海床生長了大量巨型褐藻，這些褐藻提供了生物所需的營養。見 Joshua L. Reid 的重要作品 *The Sea Is My Country: The Maritime World of the Makah* (New Haven: Yale University Press, 2015)。馬卡族（Makah）這個名稱是鄰近的族群為他們取的名字，意思是「慷慨提供食物」。

18 例外是商路上的咽喉點（例如山嶺的隘口或狹窄的海峽），控制咽喉點可以讓別人進獻穀物或其他高價值物品，如此便能支撐起龐大的人口。控扼麻六甲海峽的麻六甲就是個明顯的例子。

19 Thomas K. Park, "Early Trends toward Class Stratification:

9 當然，有時也會出現候鳥在無意間把魚卵攜帶到別的流域，或者是巨大洪水暫時將兩個流域連結在一起，或者是智人出於有心或者不經意地將某個物種帶到新的地點。關於最後一項因素，見 James Prosek, *Eels: An Exploration, from New Zealand to the Sargasso, of the World's Most Mysterious Fish* (New York: HarperCollins, 2010); 以及 Anders Halverson, *An Entirely Synthetic Fish: How Rainbow Trout Beguiled America and Overran the World* (New Haven: Yale University Press, 2010)。

10 不同流域如果出現類似的環境，會刺激出類似的特徵，這種環境驅動的過程稱為「趨同演化」。

11 Carson E. Jeffries, Jeff J. Opperman, and Peter B. Moyle, "Ephemeral Floodplain Habitats Provide Best Growth Conditions for Juvenile Chinook Salmon in California Rivers," *Environmental Biology of Fishes* 83, no. 4 (2008): 449-58.

12 Mickey E. Heitmeyer, "The Improvement of Winter Floods to Mallards in the Mississippi Alluvial Valley," *Journal of Wildlife Management* 70, no. 1 (2006): 101-10.

13 Ian G. Baird, "Fishes and Feasts: The Importance of Seasonally Flooded Riverine Habitat for Mekong River Fish Feeding," *National Historical Bulletin of the Siam Society* 55, no. 1 (2007): 121-48. Baird也記錄了在捕到的魚的胃裡發現了多達三十五種不同的森林果實與氾濫平原植物。

14 這段描述參考了Abbie Gascho Landis, *Immersion: The Science and*

Large River Symposium, ed. D. P. Dodge, *Canadian Special Publications of Fisheries and Aquatic Sciences* 106 (1989): 110-27.

3 Seth R. Reice, *The Silver Lining: The Benefit of Natural Disasters* (Princeton: Princeton University Press, 2001), 110.

4 這裡我參考了Reice, *The Silver Lining*, 112-15的有用描述。

5 Reice, *The Silver Lining*, 115. 洪水不僅增加了陸地與水域的生產力，也促進了生產力的生物多樣性。

6 Ellen Wohl, *A World of Rivers: Environmental Change on Ten of the World's Great Rivers* (Chicago: University of Chicago Press, 2010). 關於人類打破「連結性」，見她的深入研究*Disconnected Rivers: Linking Rivers to Landscapes* (New Haven: Yale University Press, 2004)。

7 Wohl, *A World of Rivers*, 120. 我們把重點放在位於水生食物鏈底層的細菌與接近頂層的魚類（基於商業價值所以研究最多）所能獲得的營養上。這項研究當然也適合分析兩棲動物，例如蟾蜍、青蛙、蠑螈與烏龜，以及蜥蜴、鱷魚、短吻鱷、肺魚、彈塗魚與泰國鬥魚，更不用說還可以分析植物、鳥類與哺乳動物。一般來說，我們可以合理地指責這種河流分析就像某些人到酒吧只會點皮斯可（pisco）一樣，帶有狹隘的智人觀點。

8 可能有人會說，過渡區對於泛化種有利，對特化種則不一定。我曾被問到，如果要我選擇，我想變成哪一種非人的生物。在思索片刻之後，我回答說，我想成為潛鳥或秋沙鴨。為什麼？因為牠們能飛、能在陸地上走、能在水面游泳，甚至還能潛水與待在水裡很長一段時間。牠們雖然缺乏獨特的特長，卻能在四種介質當中移動。

出在監測數據過時而且數據的蒐集地點完全集中在主河道上，忽視了小溪流與支流，而這些才是最常發生水災的地區。回顧過去，風險似乎一直被低估。見Christopher Flavell, "How Government Decisions Left Tennessee Exposed to Deadly Flooding," *New York Times*, August 29, 2021, A14。「暴洪」(flash flood)一詞，就我的理解，不僅是指地方性的突發洪水，更重要的是無法根據專家的模式做出預測。也可見P.C.D. Milly et al., "Stationarity Is Dead: Whither Water Management?" *Science* 319, no. 5863 (February 2008): 573-74, https://doi.org/10.1126/science.1151915。

15 George Everest, *Historical Records of the Survey of India*, vol.4: *1830-1843*, ed. R. H. Phillimore (Dehra Dun: Surveyor General of India, 1958), 266.

16 Wohl, *A World of Rivers,* chapter 5.

第二章　讚美洪水

1 Peter B. Bailey, "The Flood Pulse Advantage and the Restoration of River-Floodplain Systems," *Regulated Rivers: Research and Management* 6, no. 2 (April-June 1991): 75-86, https://doi.org/10.1002/rrr.3450060203. 具體來說，這裡的量化是以「每單位平均水域面積」的魚類產量(按重量計！)來衡量。

2 Wolfgang Junk, Peter B. Bailey, and R. E. Sparks, "The Flood Pulse Concept in River-Floodplain Systems," in *Proceedings of the International*

流、含水層與地下水。

11 當河流形成曲流時，至少以北半球來說，數百萬隻河狸建造水壩的行為，其實在更早之前就已經讓河流的流速減緩，從而擴大了曲流形成的過程。見Ben Goldfarb, *Eager: The Surprising, Secret Life of Beavers and Why They Matter* (White River Junction, VT: Chelsea Green, 2018); and Ellen Wohl, *Saving the Dammed: Why We Need Beaver-Modified Ecosystems* (Oxford: Oxford University Press, 2019)。

12 這種突發改道事件也包括漸進的過程，例如冰河融化或構造板塊運動，當這兩個現象達到臨界點時，就會突然引發劃時代事件，例如河流的誕生與死亡。

13 見具啟發性的實驗室實驗，在沒有其他力量介入下，地貌上「匍匐著」波形。有人認為，曲流呈現出波形與地球運動以及月球的潮汐力有關。Adam Mann, "The Hills Are Alive with the Flows of Physics," *New York Times*, June 24, 2021, https://www.nutimes.com/2021/06/24/science/hills-creep-lasers.html. 也可見Nakul Deshpande, David Furbish, et al., "The Perpetual Fragility of Creeping Hillslops," *Nature Communications* 12, no. 3909 (2021), https://doi.org/10.1038/s41467-021-23979-z.

14 最近，負責監測美國洪水風險的專門人員在水路設置了儀器，根據儀器測得的數據，他們繪製了洪水風險地圖給保險公司、土地分區主管機關、未來的開發商與災害管理機構如聯邦緊急事務管理局（FEMA）作為指引。二〇二一年八月，這些技術完全失靈，當時田納西州中部發生的洪水奪走了超過二十個人的性命。問題顯然流三角洲見到。密西西比河三角洲是個明顯的例子。過去七千年來，「密西西比河在寬度達四百二十公里的條狀地帶上來回擺盪」，每當它堵塞了一條通往墨西哥灣的河道，便另闢一條通往大海的蹊徑。如果不是美國陸軍工兵部隊實施了大規模治水工程，密西西比河恐怕已經流入坡度較陡的阿查法拉亞河（Atchafalaya River）。見Ellen Wohl, *A World of Rivers: Environmental Change on Ten of the World's Great Rivers* (Chicago: University of Chicago Press, 2010), 219與John McPhee的*The Control of Nature* (Waterville, ME: Thorndike, 1999)第一節。

6 Mark Elvin, *The Retreat of the Elephants: An Environmental History of China* (New Haven: Yale University Press, 2006), 123-24.

7 David A. Pietz, *The Yellow River: The Problem of Water in Modern China* (Cambridge, MA: Harvard University Press, 2015), 19.

8 另一種較為審慎的傳統「探查河道」技術是在往下游航行時，先讓船停下來，然後放出小艇，小艇上載著石頭，使其吃水深度超過母船。然後讓小艇順流而下，如果沒有擱淺，母船就可以安全通過。如果擱淺，就收回小艇，然後再找另一處較有成功希望的河道放出小艇。

9 Theodor Schwenk, *Sensitive Chaos: The Creation of Flowing Forms in Water and Air,* translated by Olive Whicher and Johanna Wrigley, illustrations by Walther Roggenkamp (London: Rudolf Steiner, 1965).

10 這當然也可以適用在較大的尺度上，具體的例子如具代表性的「水文循環」，將陽光與蒸發連結上成雲致雨，然後又連結上溼地、河

第一章　河流

1　Antoine Kremer, "Microevolution of European Temperate Oaks in Response to Environmental Changes," *Comptes rendus biologies* 339, nos. 7-8 (July-August 2016): 263-67, https://doi.org/10.1016/j.crvi.2016.04.014. 關於山毛櫸，見Donatella Magri et al., " A New Scenario for the Quaternary History of European Beech Populations: Paleobotanical Evidence and Genetic Consequences," *New Phytologist* 117 (2006): 199-221, https://doi.org/10.1111/j.1469-8137.2006.01740.x。

2　在我們有生之年，看到原本堅定不移的事物開始鬆動，例如氣候變遷及其對我們這個物種的未來造成的危害，迫使我們不得不進行比以往更為深刻的歷史探究。如果沒有海平面上升、洪水、大火、乾旱這些愈來愈頻繁的災難發生，人類世這個概念是否會成為人們爭相研究的主題，恐怕是個問號。

3　Dilip da Cunha, *The Invention of Rivers: Alexander's Eye and Ganga's Descent* (Philadelphia: University of Pennsylvania Press, 2018).

4　河流重回舊道並不罕見，如果舊道現在是通往大海的最佳重力路徑的話。

5　這裡我引用了研究非常深入且運用了複雜科技的作品，Ruth Mostern, *The Yellow River: A Natural and Unnatural History* (New Haven: Yale University Press, 2021)。這部歷史作品針對單一一條大河做了深入研究，我認為它無可超越。類似的過程也可以在許多平坦的河

注釋

導論

1 我區別了「厚」人類世與「薄」人類世。「厚」人類世代表人類世一詞的傳統用法，人類世的起點仍有爭議，但大致上指人類活動開始支配環境變遷的時期。另一方面，「薄」人類世是我創造的詞彙，指比「厚」人類世更早一點的時期，大約從農業出現開始，持續了數千年之久，最後大約結束於工業革命開始的時期。

2 Neil Shubin, *Your Inner Fish: A Journey into the 3.5-Billion-Year History of Human Body* (New York: Vintage, 2009).

3 然而，這個少數黨（一群瘋狂的人？）卻掌握霸權，為所欲為。有一個方法可以解決這種權力失衡的問題——這個方法原則上應由環保人士來執行——那就是提名一群人類代理人，這些代理人必須獲得授權使其能代表自然實體，為無法表達自身利益的自然界發言。這是Christopher Stone與Garrett Hardin在他們的經典作品*Should Trees Have Standing? Toward Legal Rights for Natural Objects* (Los Altos, CA: W. Kaufman, 1974), 18提出的路徑。

4 George Perkins Marsh, *Man and Nature; or, Physical Geography as Modified by Human Action* (New York: Scribner, 1864).

Beyond

100

世界的啟迪

讚美洪水：文明的干預如何抑制河流的重生？

In Praise of Floods : The Untamed River and the Life It Brings

作者	詹姆斯．斯科特（James C. Scott）
譯者	黃煜文
總編輯	洪仕翰
責任編輯	陳怡潔
校對	呂佳真
行銷企劃	張偉豪
封面設計	廖勁智
排版	宸遠彩藝
出版	衛城出版／左岸文化事業有限公司
發行	遠足文化事業股份有限公司（讀書共和國出版集團）
地址	23141　新北市新店區民權路 108-3 號 8 樓
電話	02-22181417
傳真	02-22180727
客服專線	0800221029
法律顧問	華洋法律事務所蘇文生律師
印刷	呈靖彩藝有限公司
初版	2025 年 09 月
定價	580 元
ISBN	9786267645826（紙本）
	9786267645802（PDF）
	9786267645796（EPUB）

歡迎團體訂購，另有優惠，請洽 02-22181417，分機 1124

ACRO POLIS 衛城出版

Email　acropolisbeyond@gmail.com
Facebook　www.facebook.com/acropolispublish

國家圖書館出版品預行編目(CIP)資料

讚美洪水：文明的干預如何抑制河流的重生？/ 詹姆斯.斯科特（James C. Scott）作；黃煜文譯。
初版，新北市；衛城出版，左岸文化事業有限公司出版：遠足文化事業股份有限公司發行，2025.09
352面；14.8x21公分。(Beyond：100)
譯自：In praise of floods : the untamed river and the life it brings
ISBN 978-626-7645-82-6（平裝）

1. 河川工程　2. 防洪工程　3. 環境生態學
4. 文明史　5. 伊洛瓦底江　6. 緬甸

443.69381　　114009969